Francisco Tomaz Pacífico Júnior

Responsabilità ambientale nel settore alberghiero

Francisco Tomaz Pacífico Júnior

Responsabilità ambientale nel settore alberghiero

Uno studio condotto nella città di Mossoró/RN

ScienciaScripts

Imprint
Any brand names and product names mentioned in this book are subject to trademark, brand or patent protection and are trademarks or registered trademarks of their respective holders. The use of brand names, product names, common names, trade names, product descriptions etc. even without a particular marking in this work is in no way to be construed to mean that such names may be regarded as unrestricted in respect of trademark and brand protection legislation and could thus be used by anyone.

Cover image: www.ingimage.com

This book is a translation from the original published under ISBN 978-620-2-04930-6.

Publisher:
Sciencia Scripts
is a trademark of
Dodo Books Indian Ocean Ltd. and OmniScriptum S.R.L publishing group

120 High Road, East Finchley, London, N2 9ED, United Kingdom
Str. Armeneasca 28/1, office 1, Chisinau MD-2012, Republic of Moldova, Europe
Printed at: see last page
ISBN: 978-620-7-24426-3

Copyright © Francisco Tomaz Pacífico Júnior
Copyright © 2024 Dodo Books Indian Ocean Ltd. and OmniScriptum S.R.L publishing group

SOMMARIO

RICONOSCIMENTI 2
SOMMARIO 4
1   INTRODUZIONE 5
2   QUADRO TEORICO DI RIFERIMENTO 13
3   METODOLOGIA 40
4   ANALISI E DISCUSSIONE DEI RISULTATI 47
5   CONSIDERAZIONI FINALI 61
6   RIFERIMENTI 64
7   APPENDICI 72

Ai miei genitori, Francisco Tomaz Pacifico (*in memoria*) e Francisca Ilma.

RICONOSCIMENTI

Nel corso della nostra vita, qualunque cosa facciamo, sicuramente non avremmo potuto farla senza la partecipazione effettiva di un numero significativo di persone. L'atto di ricordare queste persone in questo momento è un modo per esprimere la mia gratitudine e ringraziarle per tutto l'aiuto che mi hanno dato durante la produzione di questa ricerca e il completamento di questa tesi. Quindi, con questo semplice ma sincero gesto, vorrei dire grazie:

Vorrei ringraziare Dio per le opportunità che mi sono state date nella vita, soprattutto per avermi protetto in questi oltre 24 chilometri di viaggi e spostamenti durante il completamento di questo master, per aver incontrato persone che non hanno fatto altro che valorizzarmi come essere umano, ma vorrei anche ringraziarlo per aver vissuto momenti difficili, situazioni che sono state fondamentali come esempio di apprendimento e motivo di verifica della mia fede.

Ai miei genitori, soprattutto alla mia mamma Francisca Ilma, perché non so cosa sarei stata senza la sua educazione e per essere un esempio vivente di essere umano, di carattere e di onestà. Mi hai sempre fatto credere di poter essere la migliore. Ti amo incondizionatamente, mamma.

Vorrei ringraziare il mio supervisore, la professoressa Lais Karla da Silva Barreto, che ha creduto nel mio potenziale in un modo che nemmeno io pensavo di poter raggiungere. È stata sempre disponibile e disposta ad aiutarmi, volendo che approfittassi di ogni secondo durante la ricerca per assorbire qualche tipo di conoscenza. Mi ha fatto capire che dietro una tesi di laurea c'è molto di più dei ricercatori e delle conseguenze. In breve, è stata sicuramente una parte fondamentale del risultato del mio lavoro scientifico.

Vorrei anche ringraziare tutti i miei amici, perché posso dire con convinzione di avere al mio fianco i migliori e che mi hanno aiutato in ogni modo possibile. In particolare, vorrei ringraziare Pablo Marlon e Alamo Duarte, anch'essi studenti di master presso questa istituzione, che mi hanno fornito la motivazione che è stata decisiva per permettermi di completare con successo il mio studio.

Vorrei ringraziare i miei compagni di master, che sono stati sempre molto disponibili nello svolgimento delle attività di gruppo.

Vorrei ringraziare le organizzazioni alberghiere che ho cercato per avermi aperto le loro porte in modo da poter svolgere la mia ricerca.

Vorrei ringraziare l'Universidade Potiguar - UnP per l'opportunità che mi ha dato, per avermi dato la possibilità di realizzare il mio sogno di un master. Non mi ha dato solo la ricerca di conoscenze tecniche e scientifiche, ma una lezione di vita.

Infine, vorrei ringraziare anche coloro che hanno contribuito in qualche modo a questo lavoro. Persone che hanno creduto nelle mie potenzialità, mi hanno incoraggiato e hanno partecipato con me, direttamente e indirettamente, a questo viaggio.

"Una mente aperta a una nuova idea non torna mai alle sue dimensioni originarie".

(Albert Einstein).

SOMMARIO

Il campo interdisciplinare del Management tiene il passo con le innovazioni organizzative, discutendo, tra l'altro, di sviluppo sostenibile e responsabilità ambientale come focus strategico. Direttamente collegato e totalmente dipendente dall'ambiente, il turismo è una delle industrie in più rapida crescita al mondo. Responsabile del 9% del PIL internazionale, il turismo è una delle principali economie sulla scena mondiale. In quanto parte dell'industria turistica, il settore alberghiero è direttamente collegato agli attuali problemi ambientali e ha un'influenza significativa sugli impatti ambientali, poiché molti sviluppi alberghieri sono situati in aree naturali, città storiche e persino in regioni protette dalla legislazione ambientale. Alla luce di questo contesto, la presente ricerca si propone di comprendere la percezione dei manager delle catene alberghiere di Mossoró, Rio Grande do Norte, in merito alla Responsabilità Ambientale d'Impresa e alle pratiche di sostenibilità. La ricerca si basa su uno studio di caso delle quattro principali organizzazioni alberghiere della città, con natura descrittiva e approccio qualitativo, utilizzando come strumento di raccolta dati un'intervista semi-strutturata adattata da Santos (2004), applicata ai manager responsabili delle decisioni in materia di pratiche ambientali e di sostenibilità, e poi sottoposta ad analisi del contenuto. I risultati hanno evidenziato la mancanza di pratiche ambientali formali negli hotel studiati. Per quanto riguarda i vantaggi dell'implementazione delle pratiche ambientali, è emerso che l'attenzione dei manager per il loro sviluppo è maggiormente focalizzata sulla riduzione dei costi e dell'efficienza. Per quanto riguarda le barriere, la difficoltà di sensibilizzare il personale alberghiero e la resistenza al cambiamento sono stati identificati come i principali problemi affrontati. Diverse azioni di educazione ambientale sono state evidenziate dagli intervistati durante la raccolta dei dati, tra cui possiamo sottolineare la proposta per gli ospiti di riutilizzare gli asciugamani per aumentare il risparmio di acqua dal loro lavaggio; i colloqui educativi per i dipendenti, così come le misure per ridurre il consumo di acqua e di energia, il trattamento delle acque reflue e la separazione dei rifiuti solidi. È importante sottolineare la necessità di approfondire la ricerca sulla responsabilità ambientale nelle imprese della città, con l'obiettivo di sensibilizzare imprenditori e clienti sulla necessità di acquisire e mantenere un atteggiamento sociale e ambientale solido e permanente.

Parole chiave: Responsabilità ambientale. Turismo. Ospitalità.

1 INTRODUZIONE

L'introduzione tratta il tema delle questioni ambientali nello scenario attuale delle organizzazioni legate al turismo e all'ospitalità e di come queste si siano confrontate con le sfide della conservazione delle risorse naturali e dell'ambiente, oltre che con la ricerca di un vantaggio competitivo in un mercato sempre più concorrenziale. Vengono poi presentati la problematizzazione, gli obiettivi, la giustificazione e la struttura del lavoro.

1.1 CONTESTUALIZZAZIONE

L'identificazione delle tendenze future e l'anticipazione dei cambiamenti del mercato sono diventati fattori decisivi per la competitività delle organizzazioni. Questi fattori sono decisivi e fondamentali per gestire l'incertezza, adattarsi in modo creativo e rapido a cambiamenti importanti, sfruttare opportunità inaspettate e riuscire così a rimanere in testa in un'economia sempre più flessibile e dinamica.

Il campo disciplinare dell'amministrazione sta tenendo il passo con le innovazioni organizzative, discutendo, tra l'altro, di sviluppo sostenibile e responsabilità ambientale come focus strategico.

L'ambiente, così come le questioni ad esso correlate, sono oggetto di attenzione da parte di numerosi autori provenienti da diversi campi del sapere. In questi approcci, la complessità, la visione sistemica, la ricorsione e l'interdisciplinarità sono i presupposti della nuova visione del mondo che mira allo Sviluppo Sostenibile - SD (GIESTA, 2013).

Le implicazioni dello squilibrio ecologico causato dall'industrializzazione aumentano di giorno in giorno, con conseguenze sull'intera catena produttiva, dall'estrazione delle materie prime alla fabbricazione dei prodotti, fino alla loro distribuzione attraverso i gasdotti. L'impatto dei sempre maggiori danni causati all'ambiente ha portato a un progressivo aumento della consapevolezza ambientale a livello globale, con ripercussioni dirette sulle procedure operative delle aziende e sulla conduzione del loro business (CAVALCANTI, 2006).

In questo modo, possiamo notare che l'ambiente è stato riconosciuto nel corso degli anni non solo come una fonte di risorse, ma anche come un bene da preservare.

Le organizzazioni stanno diventando sempre più consapevoli delle problematiche ambientali a causa di una serie di fattori, ma soprattutto perché i clienti assumono una posizione sempre più rigida nei confronti delle aziende che hanno una buona immagine sul mercato in termini di ambiente, ossia le aziende che adottano misure sostenibili nei loro processi e mostrano interesse a ridurre al minimo i danni causati all'ambiente, sia nella fabbricazione dei loro prodotti che nella prestazione dei loro servizi.

Le questioni ambientali e la scarsità di risorse naturali sono da tempo motivo di preoccupazione per le organizzazioni di tutto il mondo. Per questo motivo, le aziende di tutti i settori economici stanno prestando una notevole attenzione all'ambiente, soprattutto nei settori del turismo e dell'ospitalità, che dipendono principalmente dall'ambiente naturale per la loro sopravvivenza. Di fronte alla necessità di questo nuovo atteggiamento, le organizzazioni sono interessate ad azioni che riducano l'aggressività ambientale. Ciò pone la sfida di conciliare la crescita economica e lo sviluppo sociale in modo sostenibile con l'ambiente e le sue risorse naturali, seguendo i criteri richiesti dalle norme e dalle leggi ambientali.

Essendo un'attività che dipende quasi esclusivamente dalle risorse naturali per la sua esistenza, il turismo richiede metodi di pianificazione sostenibile e sistemi di gestione ambientale, processi che sono vitali per uno sviluppo armonioso del turismo (BORGES, 2011).

Il turismo è una delle industrie in più rapida crescita al mondo. Secondo l'Organizzazione Mondiale del Turismo (UNWTO, 2015), nel 2014 il numero di persone che hanno praticato il turismo ha superato il miliardo, oltre ad aver mosso per la prima volta l'economia internazionale per 1,5 trilioni di dollari, un dato che rafforza l'idea della crescita del segmento.

Per quanto riguarda l'impatto del turismo sull'economia brasiliana, il Piano Nazionale del Turismo (PNT) (2015) rivela che il PIL turistico del Brasile è classificato al sesto posto nel mondo dal *World Trade Tourism Council* (WTTC) (2015), dietro a Paesi come Stati Uniti, Cina, Giappone, Francia e Italia. Oltre alla posizione privilegiata nella classifica, il governo brasiliano spera di raggiungere il terzo posto dopo i grandi eventi nel Paese, come la Coppa del Mondo di calcio nel 2014 e le Olimpiadi nel 2016. Secondo le previsioni del rapporto WTTC (2015), il Brasile dovrebbe superare la Francia entro il 2022 in termini di impatto del turismo sul PIL, ma il governo brasiliano prevede il terzo posto, davanti al Giappone.

Il turismo rappresenta già il 3,7% del Prodotto interno lordo (PIL) del Brasile. Dal 2003 al 2009, il settore è cresciuto del 32,4% mentre l'economia brasiliana si è espansa del 24,6% (MTUR, 2014). Tuttavia, è necessario che tutti gli agenti coinvolti nel settore turistico uniscano le forze per assicurarsi la posizione che il Paese merita, soprattutto se si considerano fattori quali: le sue dimensioni continentali, la sua posizione geografica, il suo ricco patrimonio naturale, culturale e storico, nonché la sua ricca biodiversità.

Secondo Abreu (2001), sebbene il turismo in Brasile abbia già raggiunto un livello consolidato nella politica economica nazionale, resta ancora molto da fare per migliorare la posizione del nostro Paese in questa classifica competitiva, preparandolo a offrire servizi di qualità a una classe di clienti sempre più esigente.

Da queste informazioni si può concludere che il settore del turismo occupa una posizione significativa nell'economia di diversi Paesi e che a questa attività va dedicata la giusta attenzione, in quanto si tratta di un settore dell'economia che, come molti altri, siano essi primari, secondari o terziari, ha sia difensori che critici.

Per quanto riguarda gli autori che credono nei benefici del settore turistico, Medeiros e Morais (2013) forniscono le seguenti informazioni: fin dall'inizio del turismo, il settore turistico è stato considerato innocuo per l'ambiente, soprattutto se paragonato ad altri settori industriali che, ad esempio, devono estrarre risorse naturali per produrre i loro prodotti o offrire i loro servizi.

Tuttavia, altri autori (CRUZ, 2001; Barbieri 2007; CAON, 2008; TUNG & AYCAN, 2008, tra gli altri) ritengono che se il turismo viene svolto in modo non pianificato, anche se non richiede l'effettiva estrazione di risorse naturali, questo segmento ha bisogno di tali risorse per esistere e, se l'attività viene svolta in modo non sostenibile, può causare impatti irreversibili sull'ambiente.

Cruz (2001) presenta alcuni degli impatti che le attività turistiche svolte in modo disorganizzato possono causare:

- Aumento della produzione di rifiuti solidi;
- Aumento della domanda di elettricità;
- Aumento del traffico veicolare, con conseguente riduzione della qualità dell'aria;
- Insabbiamento della costa a causa di azioni umane, con distruzione dei coralli;
- Contaminazione delle acque fluviali e marine a causa dell'aumento delle acque reflue non trattate;
- Cambiamenti nello stile di vita delle popolazioni native;
- Degrado del paesaggio dovuto, tra l'altro, a costruzioni inadeguate.

D'altra parte, con un'attenta pianificazione e buone pratiche, il turismo può contribuire allo sviluppo sostenibile. Una crescente letteratura ha documentato gli sforzi compiuti dalle aziende turistiche per ridurre l'inquinamento e migliorare la sostenibilità delle loro attività, incluse le iniziative "rifiuti zero" come una delle loro pratiche (PANATE, 2015).

Il turismo è stato identificato come una forza trainante per lo sviluppo delle comunità locali e la riduzione della povertà nei Paesi meno sviluppati (IVANOV, 2012).

Oltre allo sviluppo della comunità locale, un altro aspetto del turismo merita un'attenzione dedicata: la questione ambientale, poiché si tratta di una risorsa limitata che, nella ricerca dell'eccellenza dei servizi offerti, si esprime attraverso una clientela sempre più rigorosa e alla ricerca di servizi che si prendano cura dell'ambiente.

In quanto parte dell'industria turistica, il settore alberghiero è direttamente collegato agli attuali problemi ambientali e ha un'influenza significativa sugli impatti ambientali, poiché molti sviluppi alberghieri sono situati in aree naturali, città storiche e persino in regioni protette dalla legislazione ambientale (CAON, 2008).

L'industria alberghiera è diventata sempre più diversificata, più aggressiva e in alcune proprietà, sia che si tratti di grandi catene alberghiere che di aziende familiari, la gestione ha acquisito abitudini e forme meno tradizionali, ponendo l'accento sulle questioni ambientali (VARUM et al, 2011).

Negli ultimi dieci anni il settore alberghiero brasiliano ha subito un importante cambiamento concettuale. Una delle azioni più importanti incluse nella matrice di classificazione degli hotel è la gestione ambientale.

L'hotel, così come altre attività produttive e di servizio, occupa uno spazio in un determinato ambiente, che includerà strutture fisiche e operative che genereranno rifiuti, causando impatti ambientali, degradando questo ambiente in qualche modo, e a seconda delle preoccupazioni durante la concezione, la costruzione e il funzionamento del progetto, questi impatti possono avere diversi gradi di aggressività, e possono essere: permanenti, frequenti, sporadici e rari. A seconda dei casi, la bonifica o il recupero di questo ambiente possono diventare irreversibili (ALVES, 2012).

Implementando ed eseguendo pratiche di gestione ambientale consapevoli e responsabili, l'organizzazione sarà in grado di minimizzare non solo i rischi ambientali diretti, ma anche quelli legati all'immagine istituzionale dell'ente (VALLE, 1995).

Oggi, non solo le grandi aziende alberghiere, ma anche le piccole imprese che fanno parte del settore turistico mostrano attenzione per l'ambiente attraverso le loro procedure operative. Queste procedure vengono attuate attraverso l'implementazione della gestione strategica - SGA - nelle loro catene di produzione e, in base all'entità dell'impatto previsto, sviluppano il Manuale Operativo del Sistema di Gestione Ambientale, con tutte le procedure e le risorse per pianificare, attuare e mantenere la politica ambientale.

Prendendo come riferimento le informazioni sopra riportate, si può ipotizzare che le aziende alberghiere debbano implementare nelle loro routine operative misure che sviluppino procedure sostenibili, avviando nelle loro strutture sistemi di gestione ambientale che le aiutino a rispettare la legislazione ambientale e adattando le loro attività in modo che possano rientrare nelle certificazioni ambientali, acquisendo così un vantaggio competitivo rispetto ai loro concorrenti e, di conseguenza, adottando le misure necessarie per proteggere l'ambiente.

Sebbene il turismo sia considerato una delle principali attività responsabili della crescita socio-economica e culturale di una regione, questo segmento è un campo di studio recente all'interno delle Scienze Umane. Vale la pena di notare che questa attività ha diverse condizioni inerenti alla sua consapevolezza dell'ambiente.

Anche se il turismo non è direttamente collegato ai danni ambientali, le conseguenze di una cattiva pianificazione possono portare a problemi ambientali irreversibili. Come sottolinea Barbieri (2007), la soluzione dei problemi ambientali o la loro minimizzazione richiede cambiamenti organizzativi e una ristrutturazione della consapevolezza dei manager, che devono iniziare a considerare l'ambiente nelle loro decisioni e adottare procedure amministrative, sociali e tecnologiche che aiutino a massimizzare la capacità di carico dell'ambiente.

1.2 PROBLEMATIZZAZIONE

Prendendo come punto di riferimento le informazioni di cui sopra e tenendo presente che le questioni ambientali sono sempre più al centro dell'attenzione al giorno d'oggi, sia per motivi legati alla pressione esercitata dai governi sulle organizzazioni, pressione esercitata in vari modi, sia attraverso la creazione di leggi o l'adozione di misure per mostrare attenzione per l'ambiente, o l'adozione di misure volte a garantire che le aziende adottino una posizione che mostri attenzione per la conservazione dell'ambiente, o anche a causa della consapevolezza della società dell'emergere di clienti che sono sempre più alla ricerca di prodotti e servizi rispettosi dell'ambiente.

Alla luce di quanto detto, il problema centrale di questa ricerca è la seguente domanda: **qual è la percezione dei manager delle organizzazioni alberghiere di Mossoró, Rio Grande do Norte, riguardo alla Responsabilità Ambientale d'Impresa e alle pratiche di sostenibilità?**

1.3 OBIETTIVI

1.3.1 Generale

Comprendere la percezione dei dirigenti della catena alberghiera di Mossoró, Rio Grande do Norte, in merito alla responsabilità ambientale d'impresa e alle pratiche di sostenibilità.

1.3.2 Specifiche

- Analizzare e descrivere le pratiche di gestione ambientale e di sostenibilità messe in atto dai manager delle principali imprese alberghiere del comune di Mossoró, Rio Grande do Norte;

- Verificare i vantaggi e le sfide dell'implementazione di pratiche ambientali dal punto di vista dei manager;

- Scoprire le azioni di educazione ambientale e come vengono trasmesse ai professionisti e ai clienti delle organizzazioni studiate.

1.4 CONTESTO

Mossoró è il secondo comune più popoloso dello stato di Rio Grande do Norte, situato in posizione strategica tra due importanti capitali del nord-est, Natal e Fortaleza, a 260 km da quest'ultima e 275 km dalla capitale Natal. Le persone si spostano in città ogni giorno della settimana, il che fa sì che le strutture ricettive della città siano frequentate ogni mese dell'anno e non solo durante l'alta stagione. Questa regione si trova nella parte centro-occidentale dello Stato e ha una geografia pianeggiante. Il suo nome è un riferimento ai paesaggi locali, con la predominanza di dune e saline con enormi colline bianche (PORTAL, 2015).

Il comune di Mossoró è considerato una città hub, in quanto funge da riferimento e supporto per diversi comuni limitrofi. Nel 2014 aveva una popolazione di circa 284.288 abitanti, secondo i dati IBGE (2014). Questo dato la colloca al 20° posto tra le città più grandi del Nordest, in una regione di transizione tra la costa e l'entroterra, a 42 chilometri dalla costa.

Nella sua economia, l'estrazione del sale è sempre stata una delle attività principali. Tuttavia, con il successivo sfruttamento del petrolio, la città ha conosciuto un grande sviluppo economico e sociale.

Fino alla metà degli anni Ottanta, l'economia di Mossoró era sostenuta principalmente dall'industria locale del sale, che ancora oggi fornisce il 60% del prodotto consumato nel Paese. In quel periodo furono introdotte le piantagioni di meloni, che oggi danno lavoro a più di sessantamila persone. Nel decennio successivo, le royalties del petrolio hanno cambiato l'economia della città (COUTINHO, 2010).

Queste attività incoraggiano anche il turismo in città, soprattutto il segmento del turismo d'affari. Sempre in tema di turismo, e parallelamente alla crescita economica, l'industria turistica di Mossoró ha mostrato una crescita visibile negli ultimi anni, soprattutto nel settore del turismo culturale.

I tre grandi spettacoli teatrali che si svolgono in città permettono ai visitatori di vivere la storia della città. Essi sono Chuva de Bala no Pais de Mossoró, che racconta la sconfitta di Lampiao quando invase la città; Auto da Liberdade, che presenta l'abolizione della schiavitù e il momento in cui Mossoró liberò i suoi schiavi prima della Legge Aurea; e Oratòrio de Santa Luzia, che racconta la storia della patrona della città.

Oltre a questi eventi culturali, Mossoró si distingue anche per il Mossoró Cidade Junina, un grande evento che si svolge durante tutto il mese di giugno e che allude alle celebrazioni delle feste di giugno. Questo evento si è guadagnato il titolo di principale attrazione culturale della città, capace di mobilitare gran parte della popolazione e di attirare anche un numero significativo di turisti (MOSSORÓ, 2015).

Sebbene il comune non abbia molte attrazioni turistiche con splendidi paesaggi naturali, Mossoró ha un forte potenziale turistico nel settore del turismo d'affari. Come già detto, gode di una posizione privilegiata e, in termini di attività economiche, riceve rappresentanti commerciali e manodopera qualificata da tutto il Paese. Ciò significa che gli alberghi della città sono occupati quasi al 100% durante tutto l'anno.

Parallelamente alla crescita della domanda di quello che viene considerato turismo d'affari e tenendo conto dell'attuale preoccupazione delle organizzazioni per la salvaguardia dell'ambiente, anche gli hotel di vari Paesi stanno introducendo la gestione ambientale nelle loro attività quotidiane, poiché dipendono da risorse naturali minacciate per poter continuare a svolgere le loro attività.

L'importanza di questo studio risiede nel fatto che le discussioni sulla preoccupazione per la conservazione dell'ambiente sono sempre più presenti nella vita quotidiana, così come la crescente pressione esercitata dai governi per l'implementazione di pratiche ambientali nelle aziende di varie dimensioni e segmenti in tutto il mondo.

Per le organizzazioni, il problema è quello di rendere i manager più consapevoli dell'ambiente aziendale, che si è intensificato dopo l'emergere di standard, come ad esempio l'ISO 14000, che è una serie di norme sviluppate dall'*Organizzazione*

Internazionale per la Standardizzazione (ISO) e che stabilisce linee guida per la gestione ambientale all'interno delle aziende. In Brasile, la prima azienda certificata è stata Bahia Sul Celulose S.A. nel 1996. In questo caso la certificazione è mantenuta dall'Associazione Brasiliana degli Standard Tecnici (ABNT), ed è stata quindi denominata ABNT NBR ISO 14001.

La ricerca è rilevante anche per la scienza, in quanto apporta nuovi contributi empirici sull'argomento; ed è rilevante per l'autore, in quanto gli permette di comprendere i concetti e i benefici della responsabilità ambientale e di agire come difensore delle cause ambientali, utilizzando il criterio della responsabilità verso le risorse naturali come indispensabile per le aziende per acquisire prodotti o servizi.

1.5 STRUTTURA DI LAVORO

Questa ricerca è strutturata in cinque sezioni, così suddivise: introduzione; quadro teorico; procedure metodologiche; presentazione e analisi dei risultati e, infine, considerazioni finali.

La prima sezione si riferisce all'introduzione, che presenta la contestualizzazione del contenuto di questo lavoro, nonché la sua problematica, gli obiettivi proposti (generali e specifici) e la giustificazione, che spiega perché è stato scelto l'argomento.

La seconda sezione è costituita dal quadro teorico, che definisce temi legati al turismo e all'ambiente, quali: la sostenibilità; le origini dello sviluppo sostenibile; il rapporto tra turismo e sostenibilità; la gestione ambientale negli alberghi; la responsabilità ambientale delle imprese; i sistemi di gestione ambientale, tra gli altri.

La terza sezione di questo studio presenta le procedure metodologiche, che riguardano il tipo di ricerca, la caratterizzazione dell'ambiente e dei soggetti della ricerca, la raccolta, l'elaborazione e l'analisi dei dati della ricerca (come sono stati raccolti i dati, attraverso quali procedure e come sono stati analizzati).

La quarta sezione presenta e analizza i risultati della ricerca, sulla base degli obiettivi proposti e dello studio e delle discussioni basate sul quadro teorico.

Infine, la quinta e ultima parte del documento presenta le considerazioni finali dello studio, rivedendo gli obiettivi e confrontandoli con i risultati finali, oltre a presentare i limiti della ricerca e a offrire suggerimenti per ricerche future sul tema della responsabilità ambientale nel settore alberghiero.

2 QUADRO TEORICO

L'obiettivo principale di questo studio è identificare la percezione dei manager della catena alberghiera Mossoró (RN) di uno scenario di Responsabilità Ambientale d'Impresa e di pratiche di sostenibilità. Tuttavia, per poter discutere la percezione dei manager sulle tecniche di gestione ambientale utilizzate in alcune aziende alberghiere, è necessario fornire al lettore un background teorico sul turismo (dato che la ricerca è condotta negli hotel), sulla sostenibilità e sulla Responsabilità Ambientale d'Impresa.

Lo scopo della prima parte di questa guida è quello di presentare i concetti di sviluppo sostenibile dal punto di vista di diversi autori. Si parla anche dell'applicabilità della sostenibilità al turismo e all'ospitalità. Oltre ad affrontare il concetto di turismo dall'inizio dell'attività, e a concentrarsi sul termine: turismo sostenibile, nonché sulle pratiche di gestione attuate dalle imprese alberghiere e, di conseguenza, dal turismo.

2.1 SOSTENIBILITÀ APPLICATA AL TURISMO E ALL'OSPITALITÀ

Le attività turistiche si sono sviluppate su scala crescente in tutto il mondo e la domanda da parte dei Paesi in via di sviluppo, come ad esempio il Brasile, è in aumento. Soprattutto per il suo potenziale di crescita e per il fatto che il turismo è un prodotto che può essere consumato solo *in loco*, questo segmento dell'economia sta svolgendo un ruolo importante come strategia di sviluppo locale (IVARS, 2003).

Secondo Araújo (2010), è per la capacità del turismo di avere un impatto diretto e indiretto sull'economia di qualsiasi Paese che le autorità pubbliche, sia comunali che statali e federali, hanno investito così vigorosamente in questo settore dell'economia.

Prendendo come riferimento le informazioni sopra citate, è necessario che le imprese turistiche includano azioni e pratiche ambientali a tutti i livelli, in modo da ridurre al minimo gli impatti ambientali causati dalle attività economiche sulle risorse naturali. In altre parole, è necessario che nelle imprese turistiche si realizzi una pianificazione sostenibile.

2.1.1 Origini dello sviluppo sostenibile o della sostenibilità

Non è una novità che l'attività umana, con i suoi progressi tecnologici, abbia avuto un impatto negativo sull'ambiente e, di conseguenza, sulle risorse naturali disponibili. Risorse che fino a poco tempo fa erano considerate inesauribili.

Secondo Cavalcanti (2003), dopo le rivoluzioni agricola (XVIII secolo) e industriale (dal 1760), l'uomo è diventato sempre più dipendente dalle risorse che la natura metteva a disposizione e la natura è diventata oggetto di manipolazione e trasformazione da parte dell'uomo per servire gli interessi dell'umanità. Si può quindi affermare che la crisi ecologica è il risultato dello sviluppo umano, portato avanti in modo disorganizzato.

La società cresce continuamente nei consumi, richiedendo sempre più mezzi di produzione incommensurabili, così come la logistica e la gestione dei rifiuti. Questi mezzi stanno superando la capacità finita del pianeta (DIAS, 2008).

L'aumento della capacità produttiva ha incrementato la quantità di rifiuti generati, soprattutto a partire dalla rivoluzione industriale, che ha portato alla nascita di una varietà di sostanze e materiali che non esistevano in natura (BARBIERI, 2007).

Come già detto, lo sviluppo dell'umanità è legato al degrado dell'ambiente, causato dallo sfruttamento inconsapevole delle risorse naturali. Sulla base di queste informazioni, intorno al XIX secolo la società ha mostrato i primi segni di preoccupazione per il pianeta attraverso manifestazioni volte alla creazione di parchi nazionali (COOPER, 2007).

La consapevolezza che le risorse naturali sono esauribili e che sarebbe stato necessario tenere conto dell'ambiente e della società nella produzione di beni e servizi ha suscitato l'interesse per possibili soluzioni che comprendessero sia lo sviluppo sociale e ambientale sia l'equilibrio economico e culturale. Quello che è stato poi concettualizzato come Sviluppo Sostenibile. L'evidenza stava diventando sempre più chiara: se non ci fosse stata una consapevolezza ambientale sostenibile, l'ambiente fisico e la qualità della vita avrebbero potuto subire grandi perdite o addirittura arrivare alla completa distruzione (CARDOSO, 2005).

Lo sviluppo sostenibile, dal punto di vista delle organizzazioni, visto principalmente come un insieme di discorsi fatti nel contesto globale, può interferire direttamente con le organizzazioni in modo strategico. Diversi autori hanno affrontato questo tema, come Cardoso (2005); Camargo (2002); Cooper (2007); Tachizawa (2008); Deery e Fredline (2005), tra gli altri.

Secondo Camargo (2002), il concetto di Sviluppo Sostenibile è stato suggerito per la prima volta dagli studi condotti dall'Organizzazione delle Nazioni Unite (ONU) sul cambiamento climatico all'inizio degli anni '70. Lo scopo di questo studio era quello di affrontare le preoccupazioni dell'umanità di fronte alla crisi ambientale e sociale che ha attanagliato il mondo dalla seconda metà del secolo scorso.

Da allora si sono susseguiti una serie di eventi che hanno riunito Paesi di tutto il pianeta, ognuno con proposte e obiettivi per ridurre al minimo gli impatti sull'ambiente causati dalla loro crescita economica e sociale.

Per facilitare la comprensione, di seguito è riportata la Tabella 01, che si riferisce ai principali eventi globali e riflette la preoccupazione delle nazioni e degli enti governativi per l'ambiente e lo sviluppo sostenibile.

Grafico 1 - Pietre miliari dell'educazione ambientale.

Eventi	Anno	Descrizione	Obiettivo
Lancio del libro "L'uomo e la natura"	1864	-	L'obiettivo è selezionare e definire gli studi da condurre sul rapporto tra le specie e il loro ambiente.
Yellowstone	1872	La creazione del primo parco nazionale del mondo.	Sensibilizzazione all'ambiente.
Creazione del Club di Roma	1968	Sono persone influenti che si riuniscono per discutere di politica, economia e, soprattutto, di ambiente e sviluppo sostenibile.	Promuovere la comprensione delle componenti diverse ma interdipendenti - economiche, politiche, naturali e sociali - che costituiscono il sistema globale.
Conferenza di Stoccolma	1972	È stato il primo grande incontro organizzato dall' associazione Nazioni Unite per concentrarsi sulle questioni ambientali.	Stabilire una legislazione ambientale nazionale per controllare l'inquinamento ambientale.
Rapporto Brundtland	1987	Il risultato di uno studio, frutto di una convenzione ONU del 1980.	Propone uno sviluppo sostenibile.
ECO 92 o Rio 92	1992	Ha sancito definitivamente il concetto di sviluppo sostenibile.	Conciliare lo sviluppo socio-economico con la conservazione degli ecosistemi del pianeta.
Creazione della Commissione per lo sviluppo sostenibile (CSD)	1992	Organo sussidiario per le questioni ambientali, subordinato al Consiglio economico e sociale. (ECOSOC).	In primo luogo, per garantire il proseguimento degli obiettivi fissati dalla Conferenza di Rio.
Vertice mondiale sullo sviluppo sostenibile o Rio +10	2002	Un evento tenutosi in Sudafrica, che ha riunito diversi Paesi di tutto il mondo.	Il suo obiettivo principale è stato quello di stabilire un piano di attuazione che accelerasse e rafforzasse l'applicazione dei principi approvati a Rio 92.
Protocollo di Kyoto	2005	Si tratta di un accordo ambientale	Ridurre le emissioni di gas

			raggiunto durante la 3ª Conferenza delle Parti dell'Organizzazione Mondiale della Sanità. delle Nazioni Convenzione quadro delle Nazioni Unite sui cambiamenti climatici.	inquinanti.
Rio + 20		2012	Rio + 20 è il nome dato alla Conferenza delle Nazioni Unite, la cui premessa era quella di affrontare le questioni legate allo Sviluppo Sostenibile.	Rinnovare e riaffermare la partecipazione dei leader dei Paesi allo sviluppo sostenibile del pianeta. Si è trattato quindi di una seconda fase del Vertice della Terra.

Fonte: adattato da Dias (2011).

Cooper (2007) sottolinea che la responsabilità della sostenibilità del pianeta non è solo dei governi e delle organizzazioni internazionali, ma anche delle industrie e dei rispettivi consumatori.

Seguendo questa linea di ragionamento, Tachizawa (2008) aggiunge che il nuovo contesto economico è caratterizzato da clienti sempre più esigenti nei confronti di prodotti e servizi con certificazioni ambientali e che privilegiano le aziende che hanno una buona immagine sul mercato in termini di mantenimento di una posizione ecologicamente corretta.

Il termine "Sviluppo Sostenibile" è stato spesso utilizzato, ma cos'è questa nuova terminologia che è diventata sempre più presente, soprattutto a partire dagli anni '90, sia nelle conferenze nazionali e internazionali che nei piani di sensibilizzazione ambientale e nella routine dei nuovi manager? Secondo Swarbrooke (1998), lo Sviluppo Sostenibile consiste in uno sviluppo che soddisfa i bisogni attuali della società senza compromettere la capacità di soddisfare i bisogni futuri.

Questa definizione collega gli obiettivi ambientali, economici e socioculturali, i cosiddetti tre pilastri dell'approccio *triple bottom-line* alla sostenibilità (DEERY; FREDLINE, 2005).

La Figura 01 illustra quelli che l'autore definisce i tre tripodi della sostenibilità.

Figura 1 - Treppiede per la sostenibilità.

Fonte: Deery e Fredline, 2004.

Per l'autore, il concetto di sviluppo sostenibile si riferisce alla combinazione tra la capacità di crescere economicamente, ma con la responsabilità sociale e la cura per l'ambiente. Il termine richiama l'attenzione su un'alternativa alle teorie e segnala un monito ai modelli di sviluppo tradizionali, logorati in una serie infinita di frustrazioni.

Per sostenibilità, invece, si intende la possibilità di ottenere continuamente condizioni di vita uguali o addirittura superiori per un gruppo di persone e per i loro successori in un determinato ecosistema. In altre parole, questo concetto equivale all'idea che il nostro sistema di supporto vitale possa essere mantenuto. In poche parole, si tratta di riconoscere ciò che è biofisicamente possibile in una prospettiva a lungo termine (CAVALCANTI, 2003). L'autore prosegue affermando che lo sviluppo sperimentato dal mondo negli ultimi duecento anni, soprattutto dopo la Seconda guerra mondiale (1945), è insostenibile.

La sostenibilità è definita da Wagner (2005) come una possibilità di vantaggio competitivo. Nonostante i diversi approcci e le diverse prospettive sul turismo sostenibile, una delle componenti importanti per la realizzazione di uno sviluppo turistico sostenibile è la partecipazione delle varie parti interessate (CHEN et al., 2014). Ko (2005) suggerisce che le varie parti interessate dovrebbero essere coinvolte fin dalla fase iniziale della valutazione della sostenibilità.

Da quanto abbiamo visto, possiamo dire che lo sviluppo del turismo sostenibile richiede tre principi fondamentali: (1) il compromesso tra interessi e obiettivi contrastanti; (2) la cooperazione tra i decisori (governo), la comunità locale, gli operatori turistici e i consumatori; e infine (3) la promozione dell'interesse pubblico a lungo termine.

Mebratu (1998) presenta un'ampia categorizzazione delle teorie dello sviluppo sostenibile.

L'autore identifica tre tipologie del concetto teorico di sviluppo sostenibile, presentate come segue: istituzionale, ideologica e accademica. Il ricercatore afferma che nella versione istituzionale vengono discusse le concezioni dell'Istituto per l'Ambiente e lo Sviluppo (IAD) e del Consiglio Mondiale delle Imprese per lo Sviluppo (WBCSD), affrontando e discutendo le loro domande guida e definendo i loro obiettivi. La versione ideologica presenta l'ecoteologia (di natura più spirituale), l'ecofemminismo (legato al movimento delle donne) e infine l'ecosocialismo (con un approccio marxista, incentrato sui movimenti dei lavoratori). L'ultima versione descritta dall'autore è quella accademica, divisa in tre parti: economista, ecologista e sociologa.

La tabella 02 illustra in dettaglio le tre parti della visione accademica dello sviluppo sostenibile presentata da Mebratu (1998).

Tabella 2 - Analisi comparativa della versione accademica della sostenibilità.

Disciplina accademica	Orientamento epistemologico	L'origine della crisi ambientale	Epicentro della soluzione	Meccanismo di soluzione
Economia Ambiente	Riduzionismo economico	Ammortamento dei beni ecologici	Internalizzazione delle esternalità	Strumenti di marketing
Ecologia Profondo	Riduzionismo ecologico	Il dominio dell'uomo sulla natura	Rispetto e riverenza per la natura	Uguaglianza biocentrica
Ecologia sociale	Olistico - riduzionista	Dominazione delle persone e della natura	Evoluzione della natura e dell'umanità	Ripensare la gerarchia sociale

Fonte: Mebratu (1998).

Vale la pena sottolineare che stiamo vivendo un momento innovativo, a volte considerato esemplare, perché presenta una nuova visione del mondo, che è quella dello sviluppo sostenibile. Le organizzazioni si rendono conto di potersi distinguere dalla concorrenza e cercano di attuare pratiche che rispondano a requisiti di sostenibilità.

2.1.2 Turismo

Il termine turismo è stato coniato nel XIX secolo, ma il turismo esiste fin dagli albori dell'umanità. È stato dimostrato che varie forme di turismo sono state praticate fin dalle prime civiltà, ma il turismo si è rafforzato nel XX secolo, più precisamente dopo la Seconda guerra mondiale. Il settore turistico si è evoluto in seguito ad aspetti legati alla produttività delle imprese e, soprattutto, al potere d'acquisto che le persone stavano acquisendo e al benessere che derivava dal ripristino della pace mondiale (FOURASTIÉ, 1979).

Il turismo è oggi considerato una delle principali attività che contribuiscono alla crescita economica globale. Comprende un'immensa varietà di attività che vanno dalla ricreazione, il tempo libero e il relax alla creazione di una partnership tra grandi aziende, come nel caso del turismo d'affari, o all'assistenza sanitaria.

Attualmente il settore del turismo, noto anche come "industria senza ciminiere", si sta sviluppando e distinguendo come attività economica rilevante e unica per tutto il mondo, raggiungendo il 9% del PIL mondiale nel 2011 (WTTC, 2011), un fattore che rende l'industria del turismo interessante per l'economia mondiale.

Esistono diverse definizioni di turismo. Per l'Organizzazione Mondiale del Turismo (OMT), (CRUZ, 2001):

> Il turismo è una forma di viaggio spaziale, cioè che comporta l'utilizzo di un mezzo di trasporto e almeno un pernottamento nel luogo di destinazione; questo viaggio può essere motivato dalle ragioni più diverse, come il tempo libero, gli affari, i congressi, la salute e altre ragioni, purché non corrispondano a una forma di remunerazione diretta (CRUZ, 2001, p. 4).

Fuster (2003) intende il turismo come un insieme di due parti significative: da un lato, un gruppo di turisti; dall'altro, fatti e connessioni derivanti dalle loro azioni, che producono conseguenze durante i loro viaggi. Queste conseguenze includono l'uso di risorse naturali e la generazione di rifiuti che, se non gestiti correttamente, possono avere un impatto negativo sull'ambiente naturale e costruito.

Per McIntosh, Goldner e Ritcie (2003), il turismo non è altro che la somma dei fenomeni e/o delle relazioni che nascono dall'interazione tra i turisti, le aziende che forniscono servizi (agenzie turistiche), i governi e le comunità ospitanti con la funzione di attrarre e accogliere questi visitatori.

Da quando è stata implementata questa attività, il turismo è stato riconosciuto da molti come un settore dell'economia che genera sviluppo per la località che ne beneficia. Dal punto di vista di alcuni Paesi sviluppati, il turismo è visto come un'industria "senza ciminiere", che fornisce i tanto desiderati posti di lavoro e il reddito necessario per finanziare altre attività economiche (FREITAG, 1994).

Walpole e Goodwin (2000) affermano che:

> I sostenitori di questa idea citano numerosi vantaggi potenziali per le comunità locali, tra cui un aumento del reddito, una maggiore disponibilità di posti di lavoro, nonché una maggiore stabilità del mercato rispetto a quella fornita dall'esportazione di *commodity*, termine utilizzato per indicare le *materie* prime

(raw materials), o quelle con un piccolo grado di industrializzazione, prodotte in grandi quantità. Questi prodotti, siano essi *in natura*, coltivati o derivanti dall'estrazione di minerali, possono essere conservati per un certo periodo di tempo senza subire una perdita significativa di qualità. Hanno un prezzo e una commerciabilità globali (sono scambiati in borsa). Esempi: petrolio, soia e oro (WALPOLE; GOODWUIN, 2000, p. 68).

Il turismo contribuisce quindi in modo determinante al reddito delle regioni in cui è sviluppato e può raggiungere percentuali fino al 70% del PIL totale nei Paesi meno favoriti (OMC, 2012).

L'industria del turismo non ha solo sostenitori. Per i ricercatori critici, il turismo realizzato in modo inconsapevole può portare a: (1) problemi legati all'eccessiva dipendenza del settore dal capitale straniero; (2) disuguaglianze nella distribuzione dei benefici generati dal settore, soprattutto per quanto riguarda il reddito prodotto; (3) deterioramento dell'ambiente in cui si svolge l'attività e (4) nonché altri danni derivanti dall'attività turistica sulla popolazione ospitante (PEARCE, 1991; LIU; WALL, 2006; TUNG & AYCAN, 2008).

Secondo Wheeller (1991), in merito alla negatività del segmento turistico, l'autore sostiene che la maggior parte del controllo e dell'emissione di turisti si trova nelle economie sviluppate, mentre solo i resort che vengono creati nei Paesi di destinazione (Paesi in via di sviluppo), ma gran parte del capitale raccolto, ritorna agli imprenditori stranieri. L'autore rafforza ulteriormente questo punto di vista affermando che il turismo internazionale riflette gli squilibri economici globali e la dipendenza strutturale delle nazioni in via di sviluppo, cioè il turismo può perpetuare le disuguaglianze tra le nazioni consumatrici sviluppate e quelle ospitanti in via di sviluppo.

Sempre in merito agli impatti negativi causati dal turismo, la Tabella 03 presenta informazioni che mostrano i principali tipi di turismo secondo la loro tipologia e i rispettivi danni (PILLMAN, 1992, apud RUSCHMANN, 1998, p. 61).

Tabella 3 - Tipi di turismo e impatti ambientali.

Tipi di turismo	Attività principali	Impatti
Turismo del tempo libero	Passeggiate, gite, relax, ricreazione, osservazione della natura, alloggio, comunicazione.	Rumore, usura di sentieri e piste, danni al paesaggio e alla vegetazione, erosione di spiagge e pendii.
Turismo sportivo	Sciare, nuotare, andare in barca, partecipare a competizioni.	Inquinamento dell'aria e dell'acqua, danni alle aree residenziali, attacchi alla natura dovuti alla costruzione di impianti

			sportivi e palestre, vandalismo.
Turismo d'affari		Sviluppo commerciale, espansione aziendale, congressi, conferenze, seminari, fiere, formazione/studio.	Rumore, inquinamento atmosferico (industrie), danni materiali (usura).
Turismo di vacanza		Spiagge, viaggi in auto, treno, aereo o nave, alloggio, campeggio, tour della città, visite a siti culturali.	Intensificazione del traffico su strade, ferrovie e aeroporti, rumore, inquinamento atmosferico, effluenti, danni alla vegetazione, usura del suolo dovuta alla costruzione di terminal, strade e ferrovie, monotonia del paesaggio, incidenti, turismo di massa.
Turismo sanitario		Camminare, riposare, guarire.	Effluenti, consumo della natura, interferenza nella vita quotidiana delle località, consapevolezza dei bisogni della società.

Fonte: Adattato da Pillman (1992, p.6) *apud* Ruschmann (1998, p. 61).

Questa dicotomia è spiegata da Lea et al. (1988), che sottolineano come nella letteratura moderna gli studi sul turismo siano stati divisi in due scuole di pensiero: "Politico-economica" e "Funzionale". L'approccio "economico-politico" si basa sulla premessa che il turismo si è sviluppato in modo molto simile ai modelli storici del colonialismo e della dipendenza economica. Secondo questa visione, il settore è talmente governato da fattori politici ed economici che si presta poca attenzione ad altri aspetti. Le analisi di questo approccio tendono a essere negative sugli effetti del turismo, che viene visto solo come un altro modo economico per le nazioni sviluppate e ricche di svilupparsi a spese dei meno fortunati.

L'altro punto di vista presentato da Lea et al. (1988) è invece l'approccio "funzionale". Questo approccio sottolinea l'importanza economica del turismo per tutti i partecipanti e i modi per migliorarne l'efficienza e minimizzarne gli effetti negativi, senza alcun coinvolgimento della politica. Questa prospettiva pone poca enfasi sulla storia del cambiamento nelle società in via di sviluppo e sul potenziale contributo dell'industria turistica alle località in questione.

Per Carvalho (2012), a differenza della prospettiva precedente, questa offre una visione ottimistica del segmento, vedendo la maggior parte dei problemi come risolvibili attraverso la gestione e le politiche appropriate.

Queste politiche possono essere generalmente definite come una strategia di specializzazione turistica, o una linea di pianificazione sostenibile nella loro attuazione, sulle economie e sullo sviluppo sociale presenti in queste regioni, grazie al loro forte capitale naturale nelle risorse turistiche (SOUSA; FONSECA, 2013).

Secondo Korossy (2008), si può notare che per molto tempo l'accento sul turismo è stato posto quasi esclusivamente sugli aspetti economici e sul contributo che il turismo poteva dare al Prodotto Interno Lordo (PIL). Tuttavia, il turismo non è più visto solo come una fonte di reddito, ma piuttosto come un modo per scoprire altre forme di svago e relax legate alla crescita socio-culturale e ambientale, sia per chi lo fa sia per chi lo riceve (comunità riceventi, cioè le regioni locali in cui il turismo viene svolto o sviluppato).

L'obiettivo è quello di raggiungere l'auspicato equilibrio tra sviluppo economico e sociale e conservazione dell'ambiente, che può essere raggiunto solo attraverso la coerenza e la sostenibilità dello sviluppo nei territori turistici. Rosvadoski-da-silva, Gava e Deboça (2014) contribuiscono affermando che questo obiettivo può essere raggiunto in modo specifico solo attraverso la combinazione di due variabili: (1) un aumento del reddito e delle forme di ricchezza locale e (2) allo stesso tempo garantire la conservazione delle risorse naturali, con gli standard sociali già stabiliti.

In questo contesto, si stanno proponendo varie altre forme di turismo, come il turismo responsabile, alternativo, ecologico e, più recentemente, sostenibile (DIAS, 2008).

Queste proposte sono state adottate con l'obiettivo di minimizzare i danni causati dal turismo e massimizzare i benefici da esso generati. Generare sostenibilità nella località in cui si svolge l'attività.

2.1.3 Turismo e sostenibilità

Il turismo sostenibile può essere descritto come un turismo che si svolge in qualsiasi ambiente, ma che mira a essere responsabile in linea con lo sviluppo sostenibile. Indipendentemente dal tipo di esperienza di viaggio offerta. Gli operatori turistici che operano nelle aree protette devono soddisfare i requisiti dei gestori delle aree naturali, ad esempio in termini di aree accessibili, nonché di tipi di attività e di impatti che possono offrire, e devono quindi abbracciare gli aspetti della sostenibilità nelle loro routine operative (DIANE; JENNIFER, 2011).

La preoccupazione per la sostenibilità applicata alle attività turistiche non è una questione recente (ANDRADE; BARBOSA; SOUZA, 2013). Come già accennato, Santos; Chaves (2014) rafforzano questo aspetto affermando che il turismo è cresciuto rapidamente nei Paesi in via di sviluppo, e in Brasile questa realtà non è diversa. Questa crescita significativa del turismo è stata notata da alcuni decenni e, di conseguenza, gli è stata data la giusta importanza.

Il turismo ha un impatto significativo sulla vita dei viaggiatori e degli abitanti delle destinazioni visitate. Negli ultimi decenni sono sorte molte preoccupazioni per l'ambiente, poiché non tutte le risorse naturali sono limitate e rinnovabili (MEDEIROS; MORAES, 2013).

Per quanto riguarda la sostenibilità nel turismo (MALTA; MARIANI, 2013) fanno la seguente affermazione:

> La crescita delle organizzazioni odierne ha portato all'adozione di misure di gestione basate sulla consapevolezza ambientale e sociale, con l'obiettivo di aggiungere vantaggi competitivi e, di conseguenza, finanziari. In questo contesto, il turismo si presenta come un'attività che deve essere essenzialmente orientata alla sostenibilità, perché i dintorni del sito turistico devono essere sufficientemente attraenti per essere visitati e, paradossalmente, il suo sviluppo contribuisce alla sua esternalizzazione (MALTA; MARIANI, 2013, p. 123).

Nonostante le ripercussioni del tema e le pubblicazioni che esaltano i benefici dell'applicazione della sostenibilità alle destinazioni turistiche, alcuni autori hanno criticato l'ambiguità di questo concetto (PANATE, 2015).

A conferma di quanto detto, Mccool e Moisey (2001, p. 3) affermano che "i significati attribuiti al turismo sostenibile variano ampiamente, con un consenso apparentemente scarso tra gli autori e le istituzioni governative". Cohen (2002) si spinge oltre, avvertendo un problema di soggettività e sollevando la questione che la natura vaga del concetto di sostenibilità nel turismo lascia spazio a un uso improprio da parte degli interessati, in particolare degli imprenditori turistici, poiché un'azienda che attua pratiche sostenibili è ben considerata sul mercato dai potenziali clienti.

Sempre a proposito dell'uso improprio del termine turismo sostenibile, Cohen (2002) fa un'osservazione sull'uso del termine "ecoturismo", che viene utilizzato in tutto il mondo, ma che spesso le imprese turistiche non hanno nemmeno iniziative concrete da applicare per preservare e curare l'ambiente. L'autore insinua che lo stesso accade con la sostenibilità.

Di fronte a questa profusione di concetti, è naturale suggerire modi per categorizzarli. Alcuni di essi sono presentati di seguito.

Wheeller (1991) afferma che il turismo sostenibile opta per il viaggiatore rispetto al turista convenzionale, l'individuo rispetto al gruppo, preferisce il dipendente rispetto alla grande azienda, l'alloggio semplice e rudimentale rispetto alle grandi catene alberghiere multinazionali, il piccolo rispetto al grande, in altre parole, l'essenzialmente buono rispetto all'apparentemente esaltante.

Il commento dell'autore implica che il turismo sostenibile è una forma di turismo più semplice e rudimentale, in cui i fruitori dell'attività hanno un contatto maggiore con la località e la popolazione residente. In cui ci si preoccupa del numero di visitatori e, di conseguenza, dei rifiuti solidi generati e dei possibili danni causati.

Seguendo questo ragionamento, i sostenitori del turismo alternativo chiedono la totale sostituzione del turismo di massa con il turismo su piccola scala (LANFANT; GRABURN, 1992).

Sulla base di questa premessa, si può affermare che la comprensione iniziale del turismo sostenibile era biforcuta, con gli autori che intendevano chiaramente il turismo sostenibile come dominio di un certo tipo di turismo, basato su caratteristiche di piccola scala.

L'atteggiamento del turismo sostenibile è in linea con lo sviluppo di un'attività che esprime la consapevolezza umana dei suoi effetti in ogni momento. Non è più possibile affermare l'inesistenza delle conseguenze talvolta negative di pratiche basate semplicemente su visioni economiche, soprattutto per quanto riguarda l'ambiente, riconoscendo i limiti delle risorse naturali da sfruttare (MEDEIROS; MORAES, 2013).

È importante chiarire che il turismo sostenibile non è solo cura della natura locale, ma anche della società e della cultura locale. In questo senso, Corsi (2004) afferma che il turismo oggi ha grandi aspettative di miglioramento continuo della vita comunitaria, dove l'integrazione dei turisti con la popolazione è fluida ed efficiente, con grandi aggiunte di conoscenza sia per chi arriva e si ferma per un po', sia per chi ci vive.

Questa definizione si riferisce alle diverse categorie di turismo, in particolare a quelle in cui i turisti, oltre a consumare prodotti tradizionali industrializzati, consumano anche gastronomia, artigianato, spettacoli artistici e creano un legame di interazione con le popolazioni originarie di quelle regioni (CASTROGIOVANNI et al., 2001).

Sviluppare e mantenere una pianificazione sostenibile è essenziale per uno sviluppo turistico equilibrato e in armonia con le risorse fisiche, culturali e sociali delle regioni di accoglienza, evitando così che il turismo distrugga le basi che lo fanno esistere (RUSHMANN, 2008).

Sempre sul concetto di turismo sostenibile e utilizzando la definizione di Cooper et al (2007), che definisce il turismo sostenibile come lo sviluppo del turismo che soddisfa le esigenze attuali dei turisti, così come quelle delle regioni ospitanti, e allo stesso tempo garantisce opportunità per il futuro.

L'autore prosegue affermando che il turismo sostenibile mira a garantire che tutte le risorse siano gestite in modo tale da soddisfare le esigenze economiche, sociali ed estetiche, mantenendo allo stesso tempo l'integrità culturale locale, i processi ecologici essenziali, la diversità biologica e i sistemi di supporto alla vita.

La sostenibilità nel turismo è una questione complessa, perché deve garantire la conservazione a lungo termine dell'ambiente, oltre a garantire a chi investe nel turismo un ritorno sul capitale e la crescita dei risultati dell'azienda. A lungo termine, il turismo sostenibile deve essere ecologicamente sostenibile, economicamente redditizio, ma anche socialmente ed eticamente equo nei confronti della popolazione locale (DAVID, 2011).

Il turismo sostenibile è un processo che mira a minimizzare il più possibile le tensioni e gli attriti esistenti tra le complesse interazioni previste dal *commercio* turistico, ovvero l'insieme delle strutture sovrastrutturali che compongono il prodotto turistico. Si tratta di strutture ricettive, bar e ristoranti, centri congressi e fiere, agenzie di viaggio e turismo, aziende di trasporto, negozi di *souvenir* e tutte le attività commerciali periferiche legate direttamente o indirettamente al turismo, in altre parole, ridurre i conflitti che possono esistere tra le entità che compongono il turismo: i visitatori, l'ambiente nel suo complesso e le comunità locali che accolgono i turisti. Si tratta quindi di una prospettiva che implica la ricerca della vitalità e della qualità a lungo termine delle risorse naturali e umane, in altre parole, produrre turismo, sviluppare la comunità locale, senza danneggiare l'ambiente o la cultura della società ricevente (GARROD; FYALL, 1998).

Il turismo sostenibile si propone quindi di attuare una più equa divisione della coesistenza tra turismo e ambiente, senza che nessuna delle due parti subisca conseguenze dannose, cercando un equilibrio tra questioni economiche e conservazione dell'ambiente (CORSI, 2004).

Secondo la Confederazione Nazionale del Turismo (CNTur), il Brasile è ancora agli inizi per quanto riguarda il turismo sostenibile: sta muovendo i primi passi verso lo sviluppo di questo tipo di turismo e c'è ancora un maggiore interesse per l'offerta di ecoturismo (che, anche se può sembrare, non mira a preservare l'ambiente, ma solo a goderne). Tuttavia, alcuni grandi centri turistici nazionali, come Bonito/MS, hanno già adottato e stanno sviluppando pratiche di turismo sostenibile, dopo essersi resi conto della necessità di imporre regole per evitare che il patrimonio naturale venga distrutto a causa di un turismo non pianificato (CNTur, 2011).

Si può quindi affermare che la sostenibilità nel turismo comporta due processi, uno di riconoscimento e l'altro di responsabilità. Riconoscere che le risorse utilizzate per realizzare i prodotti turistici sono costose e vulnerabili. La responsabilità di un uso intelligente di queste risorse ricade su tutte le parti interessate, dai governi ai pianificatori, dal settore che fornisce i servizi ai turisti e ai residenti locali (COOPER, 2007).

Pertanto, lo sviluppo turistico deve essere pianificato tenendo conto dell'equilibrio e dell'equità tra le dimensioni della sostenibilità, altrimenti può portare a molti impatti negativi sulla sostenibilità sociale e ambientale per la località che lo sviluppa (SANTOS; CHAVES, 2014).

In questo modo, lo sviluppo turistico sostenibile implica la gestione non solo delle risorse naturali, ma anche il mantenimento delle abitudini umane e dei costumi della società locale in cui si svolge il turismo, in modo da portare piacere ai visitatori e, allo stesso tempo, beneficiare della località, riducendo al minimo gli impatti negativi sulla regione e sulla popolazione residente.

Secondo Diane e Jennifer (2011), in diverse regioni del mondo, soprattutto nei Paesi sviluppati, è necessario sviluppare partnership tra l'industria del turismo e la gestione delle aree protette. Tuttavia, gli obiettivi alla base di queste partnership sono un po' diversi rispetto alle azioni effettivamente svolte nelle aree protette, con gli operatori che si concentrano sulla conservazione della biodiversità e sul turismo *rispetto alla* missione di fornire un'esperienza ai visitatori che produca profitti economici. Sebbene molti di questi partenariati siano in funzione da molto tempo in tutto il mondo, si sa poco del loro successo in termini di approccio alla conservazione e alla gestione delle aree protette, nonché di sostenibilità, sviluppo sostenibile e turismo. Anche se il concetto di sostenibilità è in qualche modo relativo e mutevole.

Il pensiero degli autori citati fa riflettere su quanto sia importante prestare la dovuta attenzione agli studi sullo sviluppo sostenibile e sulla sostenibilità, nonché sulla possibilità di nuove ricerche sul tema in questione.

2.1.4 Ospitalità

La pressione interna ed esterna sulle aziende per preservare e conservare l'ambiente costringe a cambiare il modo di pensare e di agire, rompendo i paradigmi e creandone di nuovi. Anche gli hotel rientrano in questo contesto (ALVES, 2012).

Ciò che si sa oggi sulla storia dell'ospitalità nel mondo è che ospitare persone è una pratica molto antica. La stessa parola ospitalità, dal latino *hospitium*, significa ospitalità (data o ricevuta). E ospitalità, anch'essa derivante dal latino *hospitalitas*, significa l'atto di offrire un buon trattamento a coloro che ricevono o danno ospitalità.

Secondo Andrade (2002), le prime testimonianze di alloggi organizzati risalgono all'epoca dell'inizio dei Giochi Olimpici, che consistevano in un grande riparo a forma di capanna chiamato *Asylon* o Asylum, un luogo inviolabile per consentire il riposo, la protezione e la privacy degli atleti esterni invitati a partecipare alle cerimonie religiose e alle gare sportive.

In seguito, con la rivoluzione industriale e l'espansione del capitalismo, l'alloggio è stato trattato come un'attività strettamente economica da sfruttare commercialmente. Gli alberghi con *personale* standardizzato, composto da manager e receptionist, sono apparsi solo all'inizio del XIX secolo. Secondo Chiavenato (2004), il *personale* è il risultato di una combinazione di tipi di organizzazione lineare e funzionale, cioè è costituito da una combinazione di caratteristiche dei tipi di organizzazione lineare e funzionale, creata per combinare i vantaggi dei due stili organizzativi. La ricerca di un nuovo stile organizzativo per soddisfare il crescente bisogno di efficienza delle aziende ha portato alla creazione di questo stile, che cerca di specializzare le aree dell'organizzazione in modo che gli sforzi dei dipendenti si concentrino su compiti specifici.

Secondo Petrocchi (2003), l'industria del turismo, o industria senza ciminiere, è composta da tre servizi fondamentali: trasporto, alloggio e attrazioni, con l'ospitalità e il turismo come binomio inscindibile.

Secondo Gonçalves (2004), il concetto di ospitalità nasce nel Brasile coloniale, quando i viaggiatori alloggiavano nelle grandi case dei mulini e delle fattorie, nelle case delle città, nei conventi e, soprattutto, negli allevamenti che esistevano ai margini delle strade. L'autore continua dicendo che i gesuiti e altri ordini religiosi, spinti dal dovere della carità, ricevevano nei conventi personaggi illustri e altri ospiti non troppo importanti. Vale la pena sottolineare, visto che si parla degli albori dell'ospitalità nel Paese, che a metà del XVIII secolo, presso il monastero di Sao Bento, a Rio de Janeiro, fu costruito un esclusivo edificio adibito a foresteria.

Sempre a Rio de Janeiro, nel 1908, apparve l'hotel Avenida, il più grande della città. Negli anni '30, nelle capitali degli Stati, furono creati grandi alberghi con i casinò come attrazione, ma nel 1946 i casinò furono vietati. Poi, nel 1960, con l'incoraggiamento delle autorità pubbliche a potenziare il turismo nel Paese, il governo iniziò a offrire misure per incentivare il settore turistico.

Negli anni '70, con lo stimolo dello sviluppo aereo e stradale, il Brasile è diventato un obiettivo per le catene alberghiere internazionali. All'inizio degli anni '80 si consolidano i progetti nel segmento del lusso e lo sviluppo di hotel economici e di fascia media. Nonostante la crisi internazionale, gli anni '90 hanno visto un aumento della domanda alberghiera nel Paese (DIAS, 2008).

Per quanto riguarda il concetto di hotel, secondo Embratur, nella sua Risoluzione Normativa 387/98, "l'azienda alberghiera è: un'entità giuridica che opera o gestisce una struttura ricettiva e i cui obiettivi aziendali includono l'esercizio di attività alberghiere".

Per Castelli (2003), un albergo può essere definito come un edificio con una posizione preferibilmente urbana, di solito con più di un piano, che offre alloggio e alcune strutture per il tempo libero e il lavoro a visitatori temporanei. Oltre a disporre di unità abitative (HU) con bagno privato in almeno il 60% delle unità abitative, per quelle già operative.

Nell'ospitalità moderna è ormai consuetudine identificare il segmento alberghiero con l'industria alberghiera. Tuttavia, non si ritiene corretto identificare questo segmento perché l'industria alberghiera non è industrializzata, cioè non produce nulla. Per esempio, l'industria alberghiera potrebbe essere chiamata industria dei servizi e dell'alloggio, poiché fornisce alloggio, cibo, intrattenimento e anche servizi.

Con il passare del tempo e l'emergere di una coscienza ambientale da parte della società, i turisti sono diventati più esigenti, privilegiando prodotti e servizi che offrono misure di prevenzione ambientale (DIAS, 2008).

Questo potrebbe portare alla diffusione di modelli di itinerari turistici sostenibili e alla qualificazione di diverse destinazioni, come le spiagge, le montagne e le aree rurali, ad esempio. Può anche aumentare la consapevolezza a favore della razionalizzazione dell'energia, del trattamento degli effluenti e dei rifiuti, tra le altre cose (PIRES, 2010).

Un hotel è un'organizzazione che genera rifiuti di ogni genere, per questo è necessario implementare il concetto di gestione ambientale fin dalla fase di concezione del prodotto, l'hotel. Questa preoccupazione deve iniziare fin dalla fase di progetto, con la pianificazione di un Sistema di Gestione Ambientale (SGA) orientato alle condizioni specifiche del luogo, alla conservazione delle risorse naturali, al corretto smaltimento dei rifiuti prodotti e allo sviluppo della consapevolezza ambientale, non solo tra i dipendenti, ma anche tra gli ospiti e la comunità (ALVES, 2012).

Questa consapevolezza può essere raggiunta in diversi modi, tra cui l'ottenimento di "sigilli verdi" e certificazioni ambientali attraverso l'implementazione di sistemi di gestione ambientale.

Secondo Valle (1995), un'attenzione tempestiva ai rischi ambientali che le organizzazioni alberghiere possono causare all'ambiente può generare dividendi e abbreviare i tempi per l'eventuale acquisizione di certificazioni ambientali. Alcuni enti normativi e di controllo di alcuni settori sono già interessati a questo tema, in quanto cercano di migliorare l'immagine dell'organizzazione includendo i processi di certificazione ambientale nelle loro routine operative. I requisiti per queste certificazioni sono stabiliti da leggi e regolamenti.

Alla luce di quanto detto, si può affermare che si sta creando una nuova generazione di turisti, in cui i viaggiatori non cercano solo luoghi in cui vivere avventure, riposare, fare affari o provare nuove sensazioni. I turisti sono sempre più alla ricerca di strutture alberghiere più attente alle risorse naturali e attente alla conservazione e alla tutela dell'ambiente. Ciò rappresenta una nuova sfida per i gestori.

Di fronte a questa nuova tendenza globale, le aziende alberghiere devono quindi ricercare sistemi di gestione ambientale per gestire in modo più efficace e razionale le risorse naturali disponibili, a causa del possibile esaurimento di tali risorse, che porterebbe a un peggioramento della qualità della vita delle comunità in cui si sviluppa il turismo e, di conseguenza, dell'umanità. L'utilizzo della norma ISO 14001 è un'ottima strategia che le aziende possono adottare per raggiungere questo obiettivo.

Per facilitare la lettura e la comprensione, la tabella 04 presenta informazioni che riassumono parte di quanto trattato in questo capitolo.

Tabella 4 - Sintesi della letteratura trattata nel capitolo.

Tema	Argomenti	Riferimenti
Le origini Sviluppo Sostenibile o Sostenibilità	• L'uomo è ostaggio delle risorse naturali;	Giesta (2013) Ivars (2003)
	• Aumento della capacità produttiva X quantità di rifiuti prodotti;	Araujo (2010) OMT (2015) Dias (2008)
	• Sociale e di sviluppo sviluppo X equilibrio economico;	Barbieri (2007)
		Cooper (2007)
	• La preoccupazione dell'umanità per la crisi ambientale;	Cardoso (2005)
		Carvalho (2012)
	• Principali eventi ambientali organizzati in mondo;	Camargo (2002)
		Tachizawa (2008)
	• Uno sviluppo che soddisfi le esigenze attuali della società senza compromettere la capacità di	Swarbrooke (1998)

	soddisfare le esigenze future.	Panate (2015)
		Ivanov (2012)
Turismo e sostenibilità	• Il turismo è in rapida crescita nei Paesi in via di sviluppo; • Risorse naturali finite e non rinnovabili; • Adozione di misure di gestione basate sulla consapevolezza ambientale e sociale per garantire un vantaggio competitivo e finanziario; • Concetto relativo e mutevole	Diane e Jennifer (2011) Andrade; Barbosa; Souza (2013) Santos e Chaves (2014) Mccool e Moisey (2001) Cohen (2002) Medeiros e Moraes (2013) David (2011) Rosvadoski-da-silva et al (2014) Borges (2011)
Ospitalità	• Ospitalità (attività strettamente economica); • I turisti sono sempre più esigenti quando si tratta di aziende che hanno qualifiche ambientali; • Il settore alberghiero richiede nuovi metodi di gestione • Conformità alle certificazioni e ottenimento dei sigilli	Andrade (2002) Petrocchi (2003) Gonçalves (2004) DIAS 2008 Castelli (2003) Pires (2010) Alves (2012)

Fonte: Dati della ricerca (2015).

Il turismo, che è arrivato a essere considerato uno dei settori economici più rispettabili al mondo, responsabile di muovere numeri significativi nell'economia mondiale, è stato oggetto di attenzione in relazione al suo potenziale contributo allo sviluppo di varie comunità. L'attenzione è rivolta anche alla sostenibilità, con l'intento di ridurre al minimo gli impatti ambientali, socio-culturali ed economici che l'attività può causare.

Gli agenti di tutte le aree del settore turistico si preoccupano sempre più di raggiungere e pubblicizzare le corrette prestazioni in materia di sostenibilità, gestendo e ripensando l'impatto delle loro attività, dei prodotti o dei servizi offerti, tenendo conto della loro politica e degli obiettivi di sviluppo sostenibile.

Poiché l'industria alberghiera è un segmento di mercato in continua espansione che dipende quasi esclusivamente dall'attrattiva di un ambiente sano, è necessario aggiungere ai valori sociali e culturali le politiche di responsabilità ambientale.

Gli hotel che adottano un approccio sostenibile nelle loro procedure operative cercano atteggiamenti e metodi meno dannosi per l'ambiente, rivalutando le loro azioni e sensibilizzando i dipendenti, i manager, i direttori e così via. Ciò si ottiene ottimizzando l'uso delle risorse materiali, riutilizzando e riciclando i rifiuti, ripensando in modo semplice il processo e cercando di razionalizzarlo. Il contenimento dello spreco di materiali e risorse consente di risparmiare sui costi operativi, di ridurre il degrado ambientale e di creare opportunità di mercato grazie alle nuove pratiche ambientali. Oltre a rafforzare l'immagine dell'azienda, può avere un impatto positivo anche sui dipendenti, aumentando l'impegno dei clienti interni e la fedeltà di quelli esterni, che cercano aziende con un atteggiamento positivo nei confronti delle procedure socio-ambientali.

2.2 GESTIONE AMBIENTALE NEGLI HOTEL

2.2.1 Responsabilità ambientale d'impresa

Nella seconda metà del XX secolo, con l'intensificarsi della crescita economica globale, i problemi ambientali si sono aggravati e hanno iniziato a manifestarsi in modo più evidente a vasti settori della popolazione. In particolare nei Paesi sviluppati, che sono stati i primi a subire gli impatti della rivoluzione industriale (DIAS, 2009).

Il modo in cui la consapevolezza della società è cambiata, assumendo un profilo ecologico, ha portato i governi e persino le aziende ad assumere un ruolo decisivo nell'aumentare le restrizioni sempre più severe imposte alle vecchie forme di gestione aziendale.

In questo senso, l'art. 225 della Costituzione federale del 1988 fornisce le seguenti informazioni.

> Ogni individuo ha diritto a un ambiente ecologicamente equilibrato, che è un bene di uso comune delle persone ed è essenziale per una sana qualità della vita, imponendo alle autorità pubbliche e alla comunità il dovere di difenderlo e preservarlo per le generazioni presenti e future (BRASIL, 2011).

Ma nella pratica non è così. In Brasile, la gestione ambientale è stata caratterizzata da una serie di disarticolazioni tra i diversi enti coinvolti, dalla mancanza di coordinamento e dalla carenza di risorse finanziarie e umane per gestire le questioni ambientali (DONAIRE, 2012).

Il principale fattore responsabile dei cambiamenti e del modo in cui le organizzazioni sono ritenute responsabili dei danni ambientali è stato principalmente quello dei disastri naturali causati da grandi aziende, che hanno avuto ripercussioni sui media internazionali, causando disagio tra l'intera popolazione e richiedendo in pratica la creazione di una legislazione specifica al fine di evitare o ridurre al minimo i danni ambientali (BARBIERI, 2007).

A causa della richiesta da parte della società di un atteggiamento più coerente e responsabile da parte delle organizzazioni, al fine di ridurre al minimo il divario tra risultati economici e sociali, nonché della preoccupazione ecologica che ha acquisito una notevole importanza, e in considerazione della sua rilevanza per la qualità della vita della società, alle aziende è stato richiesto di adottare un nuovo atteggiamento e di interagire con l'ambiente (TACHIZAWA, 2010).

In breve, la gestione ambientale è diventata un importante strumento di gestione per catturare e creare condizioni competitive per le organizzazioni, indipendentemente dal loro segmento economico (TACHIZAWA, 2010).

Dias (2009) rafforza l'ultima citazione, affermando che, oltre agli interessi economici, esistono stimoli interni ed esterni che possono incoraggiare un'azienda ad adottare metodi di gestione ambientale. Gli stimoli interni sono la necessità di ridurre i costi, che porta benefici finanziari immediati o a medio termine; un aumento della qualità del prodotto, ottenendo così funzionalità, affidabilità, durata e maggiore facilità di manutenzione; un miglioramento dell'immagine positiva dell'azienda agli occhi dei consumatori; l'esigenza di innovazione, cercando di differenziarsi dai concorrenti e di mantenere un vantaggio sul mercato; un aumento della responsabilità sociale, acquisendo un'attenzione per la diversità e per la comunità; la sensibilizzazione del personale interno, che influenza direttamente il management ad adottare misure correttive o proattive in relazione all'ambiente.

Gli stimoli esterni sono: la domanda del mercato, che spinge le aziende a migliorare il loro modo di operare; la concorrenza, che porta a un migliore posizionamento rispetto ai concorrenti; le autorità pubbliche e la legislazione ambientale, che sono i fattori di controllo più forti per le aziende nell'adottare misure di gestione ambientale; l'ambiente socio-culturale, in quanto sono cresciute le responsabilità dell'azienda nei confronti di un rapporto armonioso con la natura; le certificazioni ambientali, che rappresentano un importante stimolo esterno per le aziende; i fornitori, che influenzano il comportamento delle aziende.

Tachizawa (2010) aggiunge che la tendenza alla conservazione dell'ambiente e dell'ecologia da parte delle organizzazioni deve continuare in modo permanente. L'autore afferma che i risultati economici, insieme alle alternative che mantengono la conservazione dell'ambiente, dipendono sempre più da decisioni aziendali che tengono conto di quattro fattori primari:

1 - Non ci dovrebbe essere alcun conflitto tra la lucratività e la domanda ambientale;

2 - I movimenti ambientalisti stanno crescendo in tutto il mondo e devono ricevere la giusta attenzione;

3 - I clienti e le comunità in generale attribuiscono sempre più importanza alla tutela dell'ambiente;

4 - La domanda, e quindi il fatturato dell'azienda, sono sempre più sotto pressione e dipendono direttamente dal comportamento dei consumatori, che sottolineano la loro preferenza per prodotti e servizi di organizzazioni rispettose dell'ambiente.

Le prime certificazioni ambientali sono nate in seguito al nuovo scenario in cui si trovano le organizzazioni, in cui le problematiche ambientali sono in continuo aumento.

Secondo Dias (2003), queste certificazioni si riferiscono a livelli di attenzione e a standard prestabiliti che le aziende ricevono per aver svolto le loro attività in modo coscienzioso. Queste certificazioni sono rilasciate da enti, governativi e non, che riconoscono che il prodotto offerto e il servizio fornito da una determinata azienda hanno soddisfatto gli standard ambientali richiesti.

Sulla base di quanto affermato da Dias (2003), si può concludere che il profilo dei manager deve cambiare. La preoccupazione per il profitto non è più sufficiente. In questo caso, i direttori d'albergo iniziano a sentire la necessità di implementare nei loro sistemi di gestione pratiche che soddisfino i requisiti degli standard e delle certificazioni che appaiono continuamente, in modo da poter mantenere un vantaggio competitivo sul mercato, sui loro concorrenti e sui clienti.

Le prime etichette ambientali sono apparse negli anni '40 ed erano obbligatorie, in quanto dovevano informare i consumatori degli effetti negativi di alcuni prodotti, come ad esempio la presenza di sostanze tossiche in alcuni prodotti (KOHLRAUSCH, 2003).

Da allora, in tutto il mondo sono nati una serie di altri marchi con proposte ecologiche, come l'Angelo Blu, creato in Germania nel 1978 per etichettare i prodotti considerati ecologici (VALLE, 1995).

La prima iniziativa per la creazione di un marchio verde brasiliano risale al 1993, quando l'ABNT propose un'azione congiunta all'Istituto di Protezione Ambientale (IPA). Dopo la conferenza di Rio, il Finanziatore di Studi e Progetti (FINEP) ha selezionato il progetto di certificazione ambientale dei prodotti dell'ABNT (TACHIZAWA, 2010).

La Tabella 05 mostra i principali marchi ecologici esistenti nel mondo fino ad oggi.

Tabella 5 - Principali marchi ecologici nel mondo.

Francobolli	Nazionalità e anno di creazione	Descrizione
Cigno nordico	Svezia, 1986	Si tratta di un marchio verde istituzionalizzato dal Consiglio dei Ministri dei Paesi nordici, gestito dalle agenzie ambientali di Svezia, Finlandia, Islanda e Norvegia.
Angelo blu	Germania, 1987	L'Angelo Azzurro (o Blau Engel) è un marchio governativo, un'iniziativa della Repubblica Federale Tedesca, di proprietà del Ministero dell'Ambiente, della Conservazione della Natura e della Sicurezza Nucleare.
Scelta ecologica	Canada, 1988	Il Programma di Scelta Ecologica del Canada (ECP) è un'iniziativa del Ministero dell'Ambiente. Il suo comitato di coordinamento comprende rappresentanti della sanità pubblica, dei consumatori, degli scienziati, degli avvocati, dell'industria e del commercio. Gli aspetti tecnici sono di competenza della Canadian Standards Association (CSA).
Eco-Mark	Giappone, 1989	Questo marchio verde è gestito dalla Japan Environment Association e viene assegnato ai prodotti che soddisfano requisiti standardizzati.
NF Ambiente	Francia, 1989	Il marchio verde francese è un programma che mira a certificare i prodotti che hanno un impatto negativo ridotto sull'ambiente, ma che offrono prestazioni equivalenti.
Sigillo Verde	USA, 1990	L'US Green Seal è un'organizzazione privata, indipendente e senza scopo di lucro, creata nel 1990 per stabilire standard ambientali per i prodotti, l'etichettatura dei prodotti e l'educazione ambientale negli Stati Uniti.
Ambiente Scelta	Svezia, 1990	Marchio creato con l'intento di certificare prodotti idonei all'uso e con un impatto ambientale inferiore rispetto a prodotti analoghi disponibili sul mercato.
Ecolabel	Comunità europea, 1992	L'Ecolabel, frutto di una decisione del Parlamento europeo del 1987 e attuata dal Consiglio dell'Unione europea, è un marchio creato nel 1992 che riflette un sistema comunitario di etichettatura ambientale, con

			l'obiettivo di adottare un unico marchio ambientale nell'Unione europea.
Marchio di qualità ABNT		Brasile, 1993	Il marchio di qualità ambientale ABNT, dell'Associazione brasiliana delle norme tecniche, rappresentante dell'ISO in Brasile. L'ABNT partecipa al processo di sviluppo degli standard ISO 14000 come membro fondatore con diritto di voto.

Fonte: adattato da Dias (2009).

Queste etichette non sono necessariamente destinate a distinguere determinati prodotti o gruppi di prodotti come ecologici. Alcuni di questi marchi sono stati creati solo per sfruttare le opportunità del mercato, che sta diventando sempre più grande e più severo in termini di attenzione all'ambiente, raggiungendo fette sempre più significative di mercati di consumo, che preferiscono prodotti conformi ad atteggiamenti ambientali meno impattanti e più corretti (DIAS, 2009).

Attualmente, più di 20 Paesi formano la rete globale di "ecolabelling", tra cui il Brasile, rappresentato attraverso il marchio di qualità ambientale dell'Associazione brasiliana delle norme tecniche (ABNT), rappresentante dell'ISO nel Paese.

L'importanza di implementare la certificazione ambientale in ambito aziendale è quindi evidente, in quanto i vantaggi che si possono ottenere sono molteplici, come ad esempio: conformarsi alle normative governative, soddisfare le esigenze dei nuovi consumatori, distinguersi a livello competitivo, nonché migliorare il sistema di gestione ambientale e ridurre i costi operativi di produzione (HARRINGTON; KNIGHT, 2001).

2.2.2 Sistema di gestione ambientale (SGA)

La questione ambientale è diventata un tema importante in molti settori dell'economia, poiché la maggior parte delle imprese dipende dall'ambiente e dalle sue risorse per poter svolgere le proprie attività. Purtroppo, l'adozione di semplici programmi di qualità da parte delle organizzazioni non è più sufficiente a garantire buoni risultati, ed è per questo che le aziende, soprattutto quelle del settore alberghiero, aderiscono sempre più spesso a pratiche di Sistema di Gestione Ambientale (SGA).

Un SGA è la parte del sistema di gestione di un'organizzazione utilizzata per sviluppare e attuare la sua politica ambientale e per gestire i suoi aspetti ambientali (ABNT, 2004).

Secondo Dias (2011), il sistema di gestione ambientale può essere definito come un insieme di responsabilità organizzative, azioni, procedure, processi e risorse adottate per implementare un sistema di gestione ambientale in una determinata azienda o unità produttiva.

Utilizzando la definizione di SGA di Dias come gancio e per renderla più comprensibile, Caon (2008) offre un esempio pratico che spiega lo scopo di un sistema di gestione ambientale. Secondo l'autore, l'obiettivo del SGA è quello di raggiungere, controllare e mantenere il livello di prestazioni ambientali stabilito dalle norme giuridiche attualmente in vigore e relative allo sviluppo sostenibile, come ad esempio la ISO 14000.

L'implementazione e la certificazione dei sistemi di gestione ambientale è emersa come una tendenza mondiale, data la necessità di agire di fronte allo sviluppo sostenibile. Sebbene la legislazione ambientale stia diventando sempre più severa, le aziende aderiscono ai sistemi di gestione ambientale come elemento di differenziazione competitiva, fornendo prodotti o servizi attraverso processi ecologicamente appropriati (GAIA, 2001).

Dias (2011) afferma che l'adozione di un SGA in un'impresa deve essere accompagnata da cambiamenti nella cultura e nella consapevolezza ambientale in tutti i settori, abbandonando alcune abitudini e costumi del passato che non contribuiscono positivamente alle nuove pratiche adottate. Un'altra questione importante che deve essere ripensata e lavorata a tutti i livelli gerarchici.

Gonçalves (2004) descrive quattro tipi di sistemi che sono stati implementati negli hotel brasiliani. Questi sistemi sono illustrati nella tabella 06.

Grafico 6 - Tipi di sistemi adottati nell'ospitalità brasiliana.

Tipi di sistema	Descrizione
Sistema ambientale ABIH	Ospiti della natura: le sue azioni sono guidate da tre principi, con un programma operativo che comprende quattro fasi: 1 - sensibilizzazione e adesione; 2 - formazione dell'imprenditore e dei suoi dipendenti; 3 - sviluppo di piani ambientali e 4 - ricerca della certificazione ambientale.
Sistema di produzione ambientale più pulito	La ricerca di prodotti che abbiano il minor impatto possibile sull'ambiente durante la loro produzione.
Sistema ambientale autonomo	Sviluppato da alcuni hotel o catene per gestire il consumo di acqua ed energia, il riciclaggio e/o obiettivi più ampi.
Sistema ambientale basato su ISO 14001	Questo sistema si compone di sei fasi: 1 - Politica ambientale, obiettivo: prevenzione dell'inquinamento. 2 - Pianificazione, che mira a definire gli obiettivi da raggiungere. 3 - Attuazione e funzionamento. 4 - Verifica, in questa fase si analizza la conformità del SGA ai requisiti legali. 5 - Analisi della gestione. 6 - Miglioramento continuo.

Fonte: adattato da Gonçalves (2004).

Vale la pena notare che, oltre a soddisfare i requisiti della ISO 14001, le organizzazioni che implementano il sistema e chiedono la certificazione socio-ambientale devono attuare un processo di miglioramento continuo per conformarsi alla politica ambientale definita. Questo processo è noto come PDCA (Plan, Do, Check and Act), che tradotto in portoghese significa: pianifica, attua, controlla e agisci, e il suo obiettivo principale è monitorare, valutare e apportare le correzioni necessarie per mantenere il sistema (PCTS, 2004). Questo processo è semplificato nella Figura 02.

Come vantaggi del sistema, un SGA fornisce ordine e consapevolezza alle organizzazioni per affrontare le loro preoccupazioni ambientali, assegnando risorse, definendo responsabilità e valutando continuamente le pratiche e i processi di (ABNT, 1996). Inoltre, secondo Assumpçâo (2009), avere un SGA può aiutare l'organizzazione a offrire fiducia alle parti interessate (dipendenti, clienti e fornitori).

Figura 2 - Ciclo Plan, Do, Act e Chec.

Fonte: PCTS, (2004).

Harrington e Knight (2001) affermano che i vantaggi di un SGA efficace che soddisfi o superi i requisiti della norma ISO 14001 sono molteplici. Alcuni di questi vantaggi sono: le aspettative della direzione sono chiaramente comunicate ai dipendenti; l'organizzazione ha un design molto più prevedibile; il SGA fornisce una base per tutte le attività di miglioramento organizzativo; il SGA riduce al minimo la quantità di errori che si verificano, in quanto documenta le istruzioni di lavoro; elimina anche la necessità di "reinventare la ruota" in continuazione e permette di garantire che i guadagni derivanti dal miglioramento siano catturati e internalizzati.

2.2.3 Gestione ambientale negli sviluppi alberghieri

Nel corso degli anni sono aumentate le preoccupazioni per l'ambiente, che riguardano anche le imprese alberghiere, e sono state proposte diverse azioni a questo proposito. Ne è un esempio la collaborazione tra l'Istituto Brasiliano del Turismo (EMBRATUR) e l'Associazione Brasiliana dell'Industria Alberghiera (ABIH) per la nuova classificazione degli hotel, in cui si richiede a queste imprese di essere più attente all'ambiente per ottenere la classificazione a cinque stelle, includendo nei loro processi di classificazione azioni e processi che caratterizzano atteggiamenti che danno priorità alla responsabilità ambientale (CAON, 2008).

Come incentivo per incoraggiare le aziende del settore alberghiero a introdurre pratiche di gestione ambientale nelle loro attività, nel 2006 il governo ha deciso di creare l'ABNT e, attraverso lo standard brasiliano (NBR) 15401, si rivolge alle strutture ricettive e al loro sistema di gestione della sostenibilità, finalizzato alla pianificazione e al funzionamento delle attività, seguendo i principi stabiliti per il turismo sostenibile. Può essere applicato a imprese di qualsiasi tipo e dimensione. I suoi requisiti legali contengono informazioni sugli impatti ambientali, socio-culturali ed economici significativi che un'impresa di questo tipo può causare (NBR 15401, 2006).

Il suddetto standard tiene conto anche dei requisiti legali e contiene informazioni sugli impatti ambientali, socio-culturali ed economici che sono significativi come requisiti ambientali. Stabilisce inoltre le pratiche per la preparazione e la formazione alle emergenze ambientali, quali: fauna e flora; aree naturali; paesaggio; architettura e impatto della costruzione sull'ambiente in cui si trova, rifiuti solidi ed effluenti; efficienza energetica; conservazione e gestione dell'uso dell'acqua e selezione e uso di fattori di produzione aggressivi o non aggressivi per l'ambiente (NBR 15401, 2006).

Partendo da questo presupposto, Gonçalves (2004) aggiunge che in questo nuovo scenario commerciale le aziende, siano esse del settore alberghiero o meno, sono sottoposte a una forte pressione di cambiamento. Questo è il risultato del riconoscimento di questioni importanti, come l'ambiente. Queste pressioni sono rappresentate da una serie di forze immediate, come leggi, multe e il profilo dei nuovi consumatori, che costringono le organizzazioni a muoversi verso l'era ambientale o addirittura a uscire dal mercato.

In conclusione, vale la pena sottolineare che la nuova era delle aziende sensibili alle tematiche ambientali contribuirà alla crescita di una nuova cultura ambientale all'interno di queste organizzazioni e accanto alla cultura organizzativa già formata. Questo potrebbe fungere da ponte per un rapporto più armonioso con l'ambiente, comprendendo che c'è un lavoro di sensibilizzazione con i responsabili della gestione delle imprese alberghiere e con i loro dipendenti, poiché si tratta di un processo globale a lungo termine e spetta a tutti fare la propria parte, cercando sempre di migliorare e/o perfezionare le proprie pratiche. In modo che queste aziende possano svolgere i loro processi con il minor danno possibile per l'ambiente e raggiungere i consumatori che sono sempre più esigenti quando si tratta di azioni sostenibili.

Per facilitare la lettura e la comprensione, la tabella 07 presenta informazioni che riassumono parte di quanto trattato in questo capitolo.

Tabella 7 - Sintesi della letteratura trattata nel capitolo.

Tema	Argomenti	Riferimenti
Responsabilità Business ambientale	• Pressione da parte del governo per l'adozione di misure che massimizzino il sostegno all'ambiente; • Aziende "ecologicamente" corrette, etichettate con marchi ecologici. • Sensibilizzazione all'ambiente;	Donaire (2012) Barbieri (2007 Tachizawa (2010) Kohlrausch (2003) Valle (1995) Harrington e Knight (2001)
Sistema di gestione ambientale - EMS	• La gestione ambientale come strumento di gestione per aumentare la competitività; • Insieme di responsabilità organizzative, azioni, procedure, processi e risorse adottate per attuare un sistema di gestione ambientale in una determinata azienda o unità produttiva.	Dias (2011) ABNT (2004) Gaia (2001)
Gestione ambientale negli sviluppi alberghieri	• Certificazioni ambientali; • Nuove azioni proposte alle aziende alberghiere; • Nuova classificazione alberghiera.	Caon (2008) NBR 15401 (2006) ISO 14001 (2012) Gonçalves (2004)

Fonte: dati della ricerca (2015).

3 METODOLOGIA

Secondo Martins e Teóphilo (2007), la metodologia si occupa delle variabili attraverso le quali la realtà può essere raggiunta e compresa in funzione della scienza. È anche l'oggetto che perfeziona i metodi e i criteri utilizzati nello studio per raggiungere un determinato obiettivo proposto.

Al fine di raggiungere gli obiettivi della ricerca, questa sezione presenta le procedure metodologiche utilizzate in questo studio scientifico. La scelta di queste procedure metodologiche mirava a soddisfare l'ambito della ricerca e l'oggetto di studio. Questa ricerca ha utilizzato un approccio qualitativo, dato il suo scopo descrittivo.

Come tecnica di ricerca è stato utilizzato uno studio di caso, con la raccolta di informazioni tramite un copione di intervista semi-strutturata, tenendo conto della metodologia utilizzata per la realizzazione dello studio. Il tipo di ricerca, i partecipanti e l'ambiente in cui si sarebbe svolto lo studio sono stati presi in considerazione nella stesura del copione di intervista, così come lo strumento di raccolta, l'analisi e il trattamento dei dati. Le informazioni raccolte sono state interpretate con tecniche di analisi del contenuto.

3.1 TIPO DI RICERCA

Per quanto riguarda la natura del lavoro, abbiamo optato per la ricerca descrittiva che, secondo Vergara (2007), mira a descrivere le caratteristiche di una particolare popolazione o fenomeno. Una delle sue peculiarità è l'utilizzo di tecniche standardizzate di raccolta dei dati, come i questionari e l'osservazione sistematica, con l'obiettivo di osservare, registrare e analizzare fenomeni o sistemi tecnici, senza però entrare nel merito dei contenuti.

Attraverso questa scelta, è stato possibile individuare e ottenere dati che ci hanno permesso di comprendere la percezione dei manager in merito alle pratiche di responsabilità sociale e sostenibilità nel contesto dello scenario vissuto dalle aziende del settore alberghiero della città di Mossoró, Rio Grande do Norte.

Lo studio ha utilizzato anche la ricerca qualitativa, che Creswell (2010, p. 43) definisce come "un mezzo per esplorare e comprendere il significato che gli individui o i gruppi attribuiscono a un problema sociale o umano".

Martins e Teóphilo (2007) sostengono che il metodo qualitativo è caratterizzato dalla descrizione, comprensione e interpretazione di fatti e fenomeni, in contrapposizione alla valutazione quantitativa.

Secondo Denzin e Lincoln (2006), gli studiosi qualitativi pongono l'accento sulla natura socialmente costruita della realtà, sulla relazione profonda tra il ricercatore e ciò che è oggetto di ricerca e sugli ostacoli causati dalle situazioni che sono influenzate dalla ricerca. Lo studio qualitativo, secondo questi autori, pone il ricercatore al centro del processo di ricerca e cerca risorse risolutive per le domande che evidenziano come l'esperienza sociale si crea e può quindi acquisire significato. Utilizzando come metro di paragone la realtà socialmente e storicamente costruita che sta dietro al tema della sostenibilità, nonché l'obiettivo di questa tesi, che è quello di comprendere la percezione dei manager della catena alberghiera di Mossoró, Rio Grande do Norte, riguardo alle pratiche di Responsabilità Ambientale d'Impresa e di sostenibilità, il metodo qualitativo è quello più appropriato.

In termini di finalità, è stato utilizzato uno studio di caso. Secondo Yin (2005, p. 33), "lo studio di caso come strategia di ricerca comprende un metodo che copre tutto, dalla logica di pianificazione alle tecniche di raccolta dei dati e agli approcci specifici all'analisi dei dati". A completamento di questa idea, Vergara (2007) afferma che lo studio di caso può essere limitato a una o poche unità, come una persona, una famiglia, un prodotto, un ente pubblico, una comunità e una o un gruppo di aziende, che è l'oggetto di questa ricerca. Ciò significa che il ricercatore potrà conoscere gli ambienti di lavoro in cui il fenomeno in questione deve essere compreso.

3.2 CARATTERIZZAZIONE DELL'AMBIENTE E DEI PARTECIPANTI ALLA RICERCA

Per raggiungere gli obiettivi della ricerca, sono state scelte quattro organizzazioni alberghiere nella città di Mossoró, nello stato di Rio Grande do Norte, tenendo conto delle loro dimensioni (numero di unità abitative), del fatturato, del numero di dipendenti e dell'ubicazione. Per proteggere la riservatezza delle informazioni su ciascuna organizzazione intervistata, sono stati adottati nomi fittizi per ognuna di esse: Hotel 1, 2, 3 e 4, rispettivamente.

L'Hotel 1 è un resort costruito su una ricca provincia minerale. I suoi 200.000 metri quadrati ospitano 11 piscine termali, giardini e tanto verde, offrendo agli ospiti un mondo di svago in un ambiente perfetto per un soggiorno salutare. Anche i non ospiti possono usufruire delle acque termali pagando un biglietto d'ingresso. L'hotel si trova nel centro urbano della città di Mossoró. Dispone di 235 dipendenti e 120 unità abitative. L'area ricreativa comprende un bar ristorante, un lago artificiale con pedalò e kayak, un'area verde, un campo da calcio, campi sportivi, una palestra, campi da squash, campi da tennis, una sala giochi, uno scivolo gigante, una rampa bagnata, un parco giochi bagnato, pallavolo su sabbia, discesa in corda doppia, un percorso a piedi, 11 piscine termali e una piscina a temperatura normale. Secondo il sito web, la storia dell'hotel è legata alla scoperta del petrolio nella città di Mossoró. Questo legame è segnato da un fatto pittoresco: il primo rifornimento delle piscine. Le pompe avevano lavorato tutta la notte e al mattino le piscine erano piene di petrolio.

L'Hotel 2, situato a 3 km dal centro di Mossoró, vicino all'uscita per Fortaleza, dispone di 269 posti letto, di cui 110 appartamenti, e si caratterizza come Hotel International Standard, secondo le informazioni riportate sul proprio *sito web*. Ha 70 dipendenti e offre un buon servizio e raffinatezza. Offre strutture e camere per ospiti a mobilità ridotta. Dispone inoltre di un *centro business* con computer e di una reception aperta 24 ore su 24 con receptionist bilingue, oltre a una piscina all'aperto, una palestra e una sauna. Non dispone di certificazioni ambientali, ma adotta alcune misure di conservazione dell'ambiente, tra cui la raccolta differenziata, l'automazione elettrica e il reindirizzamento dell'acqua usata.

L'Hotel 3, situato in uno dei viali principali della città di Mossoró, dispone di 106 appartamenti per 320 posti letto, reception con *cybercafé* e biblioteca, piscina, bar, ristorante con 200 posti a sedere, minimarket, TV via cavo, parcheggio privato (coperto e chiuso), lavanderia, oltre a tre sale congressi con infrastrutture complete e servizi di eccellente qualità. Con una posizione privilegiata, è situato tra due delle maggiori capitali turistiche del Nordest (Fortaleza e Natal), con una distanza media di 260 chilometri tra loro.

Infine, l'Hotel 4, anch'esso situato in uno dei viali principali di Mossoró, dispone di 83 appartamenti e suite di quattro categorie, che si differenziano per lo spazio fisico, la disposizione e l'arredamento, alcuni con caratteristiche particolari come la zona sociale separata, la cucina, il balcone o il giardino privato, ed è l'unico hotel tra quelli intervistati ad essere più attento all'ambiente, la sua missione è garantire il minor impatto ambientale possibile, adottando misure per monitorare e migliorare continuamente i nostri processi e le nostre attività, puntando a un uso razionale delle risorse naturali, sensibilizzando e formando i nostri dipendenti, e sensibilizzando i nostri clienti e partner, secondo le informazioni riportate sul suo *sito web*.

Per facilitare l'assorbimento e la comprensione delle informazioni citate, la tabella 08 mostra le principali caratteristiche delle aziende intervistate.

Tabella 8 - Caratteristiche degli hotel intervistati.

Hotel	Origine	Numero di dipendenti	Numero di unità	Caratterizzazione	Valore di Giornaliero
Albergo 1	Iniziativa Pubblico	235	120	Area completa per il tempo libero; bar ristorante; lago artificiale con kayak e pedalò; ampia area verde; campo da calcio; campi sportivi; palestra; campo da squash; tribunali	A partire da R$ 554,00
				Campo da tennis; sala giochi; scivolo d'acqua; rampa bagnata; campo da pallavolo su sabbia; pista da jogging; maxischermo con video musicali; piccola fattoria; frutteto; orto; gite in carrozza; sale per eventi; aria condizionata split in tutti gli appartamenti; TV LCD 32" in tutti gli appartamenti; trasferimento in auto di lusso a 16 posti; spettacoli di musica dal vivo; Festival gastronomici.	
Albergo 2	Rete Hotel	70	110	Piscina all'aperto; Palestra; Sauna; Ristorante; Bar aperto 24 ore su 24; Parcheggio; Wi-Fi; Sala per feste; Servizio di lavaggio a secco.	Da R$ 260,00
Albergo 3	Affari di famiglia	35	106	Area per il tempo libero; Ristorante; Wi-fi; Parcheggio.	Da R$119,00
Albergo 4	Affari di famiglia	50	83	Organizzazione di visite ed escursioni; invio di corrispondenza; Lavanderia; Sala Servizio; Parcheggio; Animali domestici; Autonoleggio; Check-out rapido; Wi-Fi gratuito; Messaggero.	A partire da R$152,90

Fonte: dati della ricerca (2015).

Per quanto riguarda il profilo dei partecipanti alla ricerca, sono stati scelti quattro manager (uno per ogni azienda alberghiera intervistata), caratterizzati da nomi fittizi, denominati rispettivamente da GH1 a GH4, per garantire la riservatezza delle informazioni fornite. La Tabella 09 riporta le seguenti informazioni :

Grafico 9 - Profilo dei partecipanti alla ricerca (area tattica).

Codice	Posizione	Età	Il sesso	Istruzione	Durata del rapporto con l'azienda
GH1	Responsabile commerciale	42 anni	Uomo	Competenza	7 anni
GH2	Responsabile operativo	37 anni	Uomo	Superiore	3 anni
GH3	Direttore generale	56 anni	Donna	Superiore	25 anni
GH4	Responsabile della qualità	35 anni	Donna	Competenza	9 anni

Fonte: dati della ricerca (2015).

I partecipanti sono stati scelti secondo il principio della saturazione teorica, che secondo Fontanella, Ricas e Turato (2008, p. 17), "è una sospensione dell'inclusione di nuovi partecipanti rappresentati nella ricerca quando i dati ottenuti diventano ridondanti". In questo modo, l'inclusione di nuovi intervistati avrebbe aggiunto poco al lavoro, ed è stata quindi limitata al numero indicato dall'autore dello studio.

3.3 STRUMENTO DI RACCOLTA DATI

In termini di raccolta dei dati, secondo Rudio (1999), si tratta della fase della ricerca che mira a ottenere informazioni sulla realtà oggetto della ricerca. Per quanto riguarda lo strumento di raccolta dei dati, Mattar (1999) afferma che si tratta del documento attraverso il quale vengono presentate le domande agli intervistati e vengono registrate le loro risposte.

Gli strumenti di raccolta dei dati sono tutte le forme possibili utilizzate per mettere in relazione i dati da raccogliere, utilizzando qualsiasi forma di somministrazione, come ad esempio i questionari, gli argomenti da seguire durante un'intervista, i copioni delle interviste e così via (MATTAR, 1999).

Dopo aver messo a punto le basi teoriche, si è passati allo sviluppo dello strumento di raccolta dei dati, che in questa ricerca è stato sviluppato come segue: attraverso domande guida e indicatori per ogni dimensione studiata, costituendo così un copione semistrutturato per l'intervista con i dirigenti di ogni stabilimento intervistato.

Per quanto riguarda le interviste semistrutturate, Martins e Teóphilo (2007, p. 86) affermano che: "L'intervista semi-strutturata viene condotta utilizzando un copione, ma con la libertà di aggiungere nuove domande da parte dell'intervistatore". Utilizzando la posizione degli autori citati come parametro, abbiamo utilizzato le domande mirate contenute nel protocollo di questa ricerca, basato sulla dissertazione di Santos (2009) e adattato all'oggetto di questo studio e ai rappresentanti della ricerca. Al copione semistrutturato sono state aggiunte nuove domande per poterle interpretare e trasformare in contenuti applicabili alla ricerca.

Le interviste sono state precedentemente concordate di persona con ciascun manager, a seconda della loro disponibilità lavorativa. I dati sono stati raccolti nei mesi di novembre e dicembre 2015. Nelle rispettive aziende di appartenenza di ciascun manager. Le interviste sono durate in media un'ora ciascuna, sono state registrate elettronicamente e poi trascritte in modo affidabile in Microsoft Word 2013 per poterle analizzare successivamente.

3.4 Elaborazione e analisi dei dati

Per quanto riguarda l'analisi qualitativa del contenuto, Moraes (1999) afferma che non ci si deve limitare alla sola definizione. L'autore rafforza questo concetto dicendo che è molto salutare per il ricercatore cercare di andare oltre, in altre parole, di raggiungere una comprensione più approfondita del contenuto dei messaggi attraverso l'inferenza e l'interpretazione.

L'analisi dei dati si è basata sugli studi di Bardin (2004). Secondo l'autore, l'analisi dei dati dovrebbe essere suddivisa in tre fasi: a) pre-analisi; b) esplorazione del materiale e trattamento dei dati; c) inferenza e interpretazione.

La prima fase suggerita da Bardin è esemplificata da Câmara (2013, p.183) come "una fase di organizzazione. È qui che si stabilisce uno schema di lavoro che deve essere preciso, con procedure ben definite, anche se flessibili". In altre parole, in questa fase il fattore principale è l'organizzazione del materiale e l'analisi di come verranno elaborati i dati. Cosa deve essere utilizzato, cosa deve essere scartato ed eventualmente cosa può essere rifatto. In questa ricerca abbiamo scelto di utilizzare interviste, utilizzando un copione semi-strutturato, che sono state trascritte in modo affidabile e la loro combinazione ha costituito i risultati dello studio.

La seconda fase della teoria di Bardin (2004), nota come esplorazione del materiale, è l'interpretazione delle interviste trascritte (CÂMARA, 2013). Questa fase è costituita dagli estratti delle interviste, in particolare dalle domande indicate e allineate agli obiettivi prestabiliti.

Nella terza e ultima fase di elaborazione dei dati, inferenza e interpretazione, tutto il materiale raccolto a seguito delle interviste utilizzate è stato analizzato in modo da trasformarlo in informazioni espressive e appropriate, così da ottenere i risultati (BARDIN, 2004).

Per facilitare la comprensione della proposta di analisi dei dati, la Tabella 10 presenta gli obiettivi specifici relativi alle categorie di analisi e ai successivi strumenti di raccolta dei dati.

Grafico 10 - Categorie di analisi e relativi obiettivi specifici.

Obiettivi specifici	Categorie	Strumento
Analizzare e descrivere le pratiche di gestione ambientale e di sostenibilità messe in atto dai manager delle principali imprese alberghiere del comune di Mossoró, Rio Grande do Norte;	Gestione ambientale e Sostenibilità	Domande 1, 3, 4 e 7 dell'Appendice B.
Comprendere i vantaggi e le sfide dell'implementazione di pratiche ambientali dal punto di vista dei manager.	Sostenibilità	Domande 4 e 5 dell'Appendice B.
Scoprire le azioni di educazione ambientale e come vengono trasmesse ai professionisti e ai clienti delle organizzazioni studiate.	Educazione ambientale	Domande 8, 9 e 18 nell'Appendice B.

Fonte: dati della ricerca (2015).

L'analisi del contenuto è stata condotta in un periodo medio di due mesi, corrispondente a gennaio e febbraio 2016. Questa fase si è basata su un'interpretazione dettagliata di ogni categoria in base al materiale prodotto, ai copioni delle interviste e alla letteratura specificata nel corso dello studio, al fine di fornire coerenza nel raggiungimento degli obiettivi proposti dalla ricerca.

4 ANALISI E DISCUSSIONE DEI RISULTATI

Questa sezione presenta i risultati della ricerca, illustrando le pratiche di gestione ambientale e di sostenibilità, i vantaggi e le sfide della loro attuazione e le azioni di educazione ambientale e le loro sfumature nelle organizzazioni alberghiere analizzate.

4.1 SULLE PRATICHE DI GESTIONE AMBIENTALE E DI SOSTENIBILITÀ NELLE ORGANIZZAZIONI ALBERGHIERE STUDIATE

Alla domanda sul coinvolgimento della direzione dell'hotel nel processo di implementazione e mantenimento delle pratiche ambientali, sono state fatte le seguenti affermazioni:

> I responsabili della gestione e dell'amministrazione dell'hotel sono impegnati al 100% e direttamente coinvolti nell'implementazione di nuove pratiche ambientali e nella conservazione di quelle esistenti (GH1, 2015).
>
> Siamo direttamente coinvolti. Ogni implementazione che ci viene proposta, la nostra direzione è direttamente coinvolta nel supporto, fornendo sostegno affinché le nostre azioni abbiano successo (GH2, 2015).
>
> L'azienda ha attuato un programma SEBRAE chiamato "turismo migliore". Tra le fasi di attuazione del programma, c'era una parte incentrata sulla gestione ambientale, che riguardava l'efficienza energetica e la sicurezza alimentare; quindi è stato un processo che abbiamo impiegato, credo, per undici mesi. Tutti i manager sono stati direttamente coinvolti in questo processo, compresa la direzione dell'hotel (GH3, 2015).
>
> Ogni volta che cerchiamo di implementare qualcosa qui, viene sempre da noi. Quindi: abbiamo sempre la prassi di ascoltare le opinioni di tutto il personale, ma nell'area ambientale non riceviamo mai suggerimenti, quindi gli unici che abbiamo avuto, i pochi che siamo riusciti ad attuare, sono venuti da noi (GH4, 2015).

Nonostante la consapevolezza dell'importanza delle politiche e delle pratiche finalizzate alla gestione ambientale e alla sostenibilità, sembrano esserci poche iniziative per implementarle negli hotel studiati. Dalle risposte emerge che solo GH3 ha citato una proposta esplicita di pratiche nell'organizzazione in cui lavora, che ha definito il programma "turismo migliore" di SEBRAE, puntando a un migliore utilizzo delle risorse energetiche e alla sicurezza alimentare, un processo durato circa 11 mesi. Gli altri intervistati si sono dimostrati attenti alle questioni ambientali e disposti ad ascoltare suggerimenti e opinioni, ma non hanno commentato quali politiche abbiano sviluppato nelle organizzazioni in cui lavorano.

Secondo Rushmann (2008), lo sviluppo e il mantenimento di una pianificazione sostenibile sono estremamente importanti e indispensabili per uno sviluppo turistico equilibrato e in armonia con le risorse fisiche, culturali e sociali delle regioni di accoglienza, evitando così che il turismo distrugga le basi che lo fanno esistere.

Medeiros e Moraes (2013) mostrano che l'atteggiamento del turismo sostenibile va di pari passo con lo sviluppo di un'attività che esprima la consapevolezza umana dei suoi effetti in ogni momento. Non c'è più modo di affermare l'inesistenza delle conseguenze, talvolta negative, di pratiche basate semplicemente su visioni economiche, soprattutto per quanto riguarda l'ambiente, riconoscendo i limiti delle risorse naturali da sfruttare. In questo modo, le aziende alberghiere della città di Mossoró intervistate devono pensare al di là della questione economica e iniziare a preoccuparsi maggiormente dell'attuazione di programmi e pratiche che coinvolgano la gestione ambientale e la sostenibilità nel contesto turistico locale, al fine di preservare tutte le attività presenti nel comune.

Alla domanda su cosa distingua l'hotel dalle altre compagnie alberghiere, i manager hanno rivelato che:

> Il nostro punto di forza sono senza dubbio le piscine termali, che raggiungono una temperatura media di 48 gradi. Anche il servizio è il nostro punto di forza: i nostri clienti ci lodano sempre per l'assistenza che ricevono dal nostro personale (GH1, 2015).

> Ogni giorno cerchiamo di migliorare all'interno degli standard normativi ambientali e di altri standard, in modo da poter fornire sempre un servizio migliore per i nostri clienti e anche per i nostri dipendenti, in modo che questo sia un luogo con un buon ambiente, all'interno degli standard normativi, penso che uno dei nostri elementi di differenziazione sia la ricerca della qualità, per essere tra i migliori nella nostra regione, città (GH2, 2015).

> Penso che ciò che ci distingue qui sia la qualità del servizio, la cosa principale, perché abbiamo altre qualità, per esempio: nelle pratiche alimentari, il nostro ristorante è molto ben considerato, abbiamo un buon cibo (GH3, 2015).

> Penso che qui l'ospite possa godere di un hotel con molto spazio verde, molto spazio aperto, ma in pieno centro città. Penso che questa sia la differenza: sei in un hotel con un'atmosfera da fattoria, ma nel centro della città. Vicino a tutto, ben posizionato (GH4, 2015).

I rapporti mostrano che il fattore di differenziazione presentato dalle compagnie alberghiere non è l'espansione delle aree verdi, un migliore utilizzo delle risorse naturali e la conservazione dell'ambiente, ma altri fattori come la qualità e il servizio al cliente. Solo il GH4 ha evidenziato l'importanza di investire in aree verdi, dato che la maggior parte degli hotel della città di Mossoró si trova in aree urbane; questo sarebbe un grande fattore di differenziazione, che porterebbe i clienti ad avere una migliore qualità della vita e un maggiore comfort durante il loro soggiorno.

Anche se gli interessi delle organizzazioni sono più concentrati su altre questioni, Dias (2009) afferma che esistono stimoli interni ed esterni che possono incoraggiare un'azienda ad adottare metodi di gestione ambientale. Gli stimoli interni sono: la necessità di ridurre i costi, che porta benefici finanziari immediati o a medio termine, e la sensibilizzazione del personale interno, che influenza direttamente i manager ad adottare misure correttive o proattive in relazione all'ambiente. Per quanto riguarda gli stimoli esterni, lo stesso autore evidenzia la domanda del mercato, la concorrenza, le autorità pubbliche, la legislazione ambientale e le certificazioni ambientali, che rappresentano un importante stimolo esterno per le aziende, e i fornitori, che influenzano il comportamento delle aziende.

Questi fattori rivelano l'importanza che una buona gestione ambientale può apportare alle organizzazioni alberghiere, poiché un'azienda che attua pratiche sostenibili è ben considerata sul mercato dai potenziali clienti (COHEN, 2002), costituendo un vantaggio competitivo e proteggendo di conseguenza l'ambiente.

4.2 Vantaggi e barriere all'implementazione di PRATICHE AMBIENTALI NELLA VISIONE DEI MANAGER

Dopo aver interpretato le dichiarazioni dei manager intervistati, è stato possibile constatare che la loro conoscenza delle motivazioni, dei benefici, degli ostacoli e del vantaggio competitivo delle aziende intervistate in relazione alle questioni ambientali ha presentato opinioni uniformi, anche tenendo conto del fatto che si trattava di aziende diverse.

Per quanto riguarda i vantaggi dell'implementazione di pratiche ambientali nelle organizzazioni alberghiere, gli intervistati hanno dichiarato che:

> Riduzioni fiscali, come ad esempio l'imposta sul reddito. Dopo l'adeguamento alle licenze ambientali, abbiamo avuto una riduzione di alcune tasse (GH1, 2015).

> Hummm... È... ummm, la riduzione dei costi, l'obiettivo importante oggi, indipendentemente dal momento che stiamo attraversando nella nostra economia, la qualità è... nel servizio, penso che la riduzione dei costi venga, è molto legata, a come, per esempio, abbiamo un controllo degli asciugamani, il lavaggio degli asciugamani, la conservazione e il risparmio dell'acqua, che è un elemento indispensabile oggi, ci sono altri mezzi che facciamo per... per dare qualità in questo senso (GH2, 2015).

> Ebbene, nelle pratiche che abbiamo sperimentato in questa implementazione, abbiamo sostituito i condizionatori d'aria detti "a finestra" con condizionatori centrali, ottenendo un risparmio energetico. Negli appartamenti abbiamo inserito

delle schede che spengono tutte le apparecchiature elettriche quando l'ospite se ne va, e anche in questo caso abbiamo notato una differenza nel consumo energetico (GH3, 2015).

Credo che l'ambiente ci ringrazi, no? Ad esempio, è... la riduzione dei costi energetici, abbiamo la tariffa verde con Cosern che ci permette di utilizzare ogni giorno per due ore il generatore nelle ore di punta, oltre a realizzare un risparmio economico, contribuiamo a preservare l'ambiente (GH4, 2015).

Autori come Barbieri (2007) e Dias (2011) affermano che le aziende ottengono un vantaggio competitivo implementando un Sistema di Gestione Ambientale nella loro routine operativa e che l'acquisizione di un marchio ambientale è il modo migliore per differenziare i prodotti e i servizi ecologici.

Ciò differisce dall'opinione dei manager intervistati, che ritengono che i principali vantaggi dell'implementazione di un sistema di gestione ambientale si concentrino sulla riduzione dei costi.

Si può notare che l'attenzione dei gestori per lo sviluppo di pratiche ambientali si concentra maggiormente sulla riduzione dei costi e sul risparmio economico. Fattori come la riduzione delle tasse, il controllo degli asciugamani, la sostituzione delle unità di condizionamento centralizzate, l'uso di chiavi elettroniche sulle porte per spegnere le apparecchiature elettriche, l'installazione di lampadine a LED, i sensori di presenza, tra gli altri, contribuiscono a far capire che più si investe in azioni volte a preservare l'ambiente, maggiore sarà il risparmio e la riduzione delle spese e, di conseguenza, l'efficienza nell'uso delle risorse.

Per quanto riguarda le sfide dello sviluppo di pratiche ambientali, ecco i commenti dei manager:

Sicuramente le barriere maggiori sono rappresentate dalla sensibilizzazione dei dipendenti e dei clienti. Far sì che le persone cambino le loro abitudini e non permettere loro di assumere atteggiamenti che pensavano fossero comuni per tutta la vita (GH1, 2015).

Sensibilizzare le persone, credo che la cosa principale, quando dobbiamo mettere in pratica un'idea, un'azione mirata all'ambiente, credo che sensibilizzare sia il cliente, l'utente del nostro servizio, sia i dipendenti, sapendo che separare i rifiuti, risparmiare elettricità, acqua, sensibilizzare le persone, secondo me è un fattore importante (GH2, 2015).

Ci sono sempre barriere, c'è sempre una certa resistenza, sai, ci sono persone che non credono, ma poi continuiamo a battere su quel tasto finché non dimostriamo che ne vale la pena (GH3, 2015).

Alcune cose come "tutto ciò che fai per comprare cose più naturali è più costoso". Per esempio: lampadine *a LED*, prodotti biologici, sono sempre molto più costosi dei prodotti tradizionali, per così dire (GH4, 2015).

Tuttavia, come ogni implementazione ha i suoi vantaggi, si incontrano anche delle difficoltà: la principale citata dai manager intervistati è la difficoltà di sensibilizzare il personale alberghiero alle pratiche positive di conservazione dell'ambiente, nonché la resistenza che hanno nel continuare a svolgere correttamente i loro compiti. Un altro punto citato è la difficoltà di acquistare prodotti naturali o a basso consumo, a causa del loro costo non interessante da scambiare con prodotti di uso più comune.

4.3 AZIONI DI EDUCAZIONE AMBIENTALE

Per quanto riguarda le azioni di educazione ambientale proposte dalle aziende alberghiere indagate, gli intervistati hanno rivelato che:

> Negli appartamenti, ad esempio, abbiamo degli avvisi che chiedono agli ospiti di lasciare un asciugamano in una determinata stanza quando vogliono riutilizzarlo. E per quanto riguarda il personale, facciamo anche un mutirâo, questo mutirâo lo facciamo ogni sei mesi, ogni tre mesi, dipende dal periodo. Facciamo un mutirâo che, in realtà, riguarda più la sensibilizzazione che la pulizia. È più per sensibilizzare i dipendenti, facciamo una pulizia nell'hotel. Raccogliamo mozziconi di sigaretta, tappi di bottiglia, coinvolgendo tutti i dipendenti e facendo in modo che in futuro non gettino mozziconi di sigaretta o rifiuti in giardino, per esempio. (GH1, 2015).

> Per quanto riguarda gli ospiti, li segnaliamo nella stanza in cui alloggiano, che è l'appartamento, in modo che facciano un uso consapevole degli asciugamani; all'interno dell'appartamento, abbiamo dispositivi che spengono la corrente dopo un minuto quando l'ospite lascia la stanza. Per quanto riguarda le regole interne della casa, ad esempio: cambiamo la biancheria di un ospite residente ogni tre giorni, non la cambiamo ogni giorno come in altri posti, perché così risparmio due settori, giusto? Per esempio, l'acqua e l'energia, combinando l'aspetto ambientale e quello finanziario (GH2, 2015).

> Sì, abbiamo un avviso in bagno che sensibilizza al riutilizzo degli asciugamani, in modo che non debbano andare in lavanderia tutto il giorno (GH3, 2015).

> Per tre anni abbiamo portato persone delle ONG a tenere conferenze ai nostri dipendenti, per sensibilizzarli a farlo anche a casa, no? Fare la raccolta differenziata e cose del genere (GH4, 2015).

Gli intervistati hanno evidenziato l'esistenza di alcune azioni educative offerte agli ospiti e ai clienti degli hotel intervistati. Per quanto riguarda i clienti, GH1, GH2 e GH3 hanno dichiarato che è stato proposto di riutilizzare gli asciugamani per migliorare il risparmio idrico derivante dal loro lavaggio, oltre a ridurre l'uso di prodotti chimici. Inoltre, in queste organizzazioni è stato ampiamente utilizzato l'uso di schede che spengono la corrente nelle camere quando gli ospiti se ne vanno.

Per quanto riguarda i dipendenti, il GH1 ha rivelato che la sua organizzazione lavora su campagne di sensibilizzazione e pulizia, inducendo i dipendenti a smettere gradualmente di gettare qualsiasi tipo di rifiuto sul pavimento dell'hotel. GH2 ha detto che i dipendenti sono incoraggiati a lavare gli asciugamani degli ospiti per risparmiare acqua. GH3 non ha commentato l'argomento, mentre GH4 ha annunciato che vengono adottate misure, come conferenze tenute da ONG, affinché i professionisti, sulla base delle iniziative prese a casa propria, possano fare buon uso delle risorse anche sul posto di lavoro.

Il coinvolgimento di tutti i partecipanti, dalla direzione al personale operativo, è essenziale per ottenere un buon impatto sull'immagine dell'azienda. A tal fine, è importante includere le pratiche di educazione ambientale (EE), in quanto è uno degli elementi chiave nei processi di sensibilizzazione e mobilitazione delle persone, in modo che possano sviluppare le migliori azioni per la sostenibilità pianificate dalla leadership organizzativa (GIESTA, 2013).

4.3.1 Formazione dei dipendenti

Per quanto riguarda la formazione offerta ai dipendenti sulle pratiche ambientali, gli intervistati hanno dichiarato che:

> Sì, cerchiamo sempre di tenere conferenze durante l'anno, abbiamo almeno una conferenza al mese su un argomento che scegliamo all'inizio dell'anno, e abbiamo sempre la questione ambientale come... tema delle conferenze (GH1, 2015).

> Ragazzi, noi... stiamo ancora lavorando specificamente su quest'area, che è una nuova area, ma stiamo sempre parlando con loro, non ancora con una formazione specifica (GH2, 2015).

> Lo fanno, quindi di solito facciamo dei discorsi, poi chiamiamo tutti a raccolta e diamo loro delle indicazioni e degli avvisi per risparmiare acqua ed energia (GH3, 2015).

> Sì, dobbiamo farlo di nuovo, infatti (GH4, 2015).

A questo proposito, si può notare che negli hotel indagati manca una formazione formale per i propri dipendenti in relazione alle questioni ambientali. Il 50% degli intervistati ha dichiarato che non c'era alcun tipo di formazione; l'altro 50% ha detto che c'erano lezioni mensili (GH1) e sporadiche (GH3) per i professionisti sull'argomento.

Secondo Oliveira e Pinheiro (2010), la formazione svolge un ruolo fondamentale nella gestione ambientale delle organizzazioni, in quanto contribuisce ad accrescere l'interesse e l'attenzione dei professionisti verso l'importanza delle pratiche proposte dalle aziende, portando a un miglioramento delle loro competenze e conoscenze sugli aspetti che influenzano direttamente e/o indirettamente le prestazioni ambientali dell'organizzazione, come l'uso efficiente di acqua, energia, combustibili, il trattamento ideale dei rifiuti solidi, tra gli altri; nonché lo sviluppo di leader che possano contribuire a raggiungere i risultati desiderati.

Questa mancanza di formazione formale può comportare una serie di problemi per le organizzazioni in questione, perché la mancanza di conoscenze rende difficile per i dipendenti applicare i principi di buona gestione ambientale che l'organizzazione vuole raggiungere. È quindi necessario che i dirigenti si rendano conto della necessità di investire maggiormente in questo tipo di formazione, in modo da raggiungere efficacemente i loro obiettivi.

4.3.2 Metodi per ridurre il consumo di acqua

Alla domanda sui metodi per ridurre il consumo di acqua, le risposte hanno mostrato che:

> Sì, abbiamo, abbiamo, gli appartamenti, hanno le informazioni in modo che il cliente possa evitare l'uso inutile. E oggi, alla fine dell'anno scorso, abbiamo anche installato un sistema di controllo nel nostro pozzo, per sapere quanta acqua stiamo usando, quanta ne abbiamo risparmiata, in modo da avere un'idea di questo controllo d'ora in poi (GH1, 2015).

> Gli ospiti sono invitati a usare gli asciugamani in modo scrupoloso e i vestiti degli ospiti residenti vengono lavati solo ogni tre giorni. Tutti i nostri dipendenti oggi, posso anche dirlo così... e l'hotel oggi non è secondo a nessuno, dalla più piccola alla più grande azienda che utilizza l'acqua, abbiamo avuto, abbiamo attraversato diversi momenti difficili quest'anno, con la mancanza di pioggia il nostro pozzo ha ridotto la sua portata, il CAERN, il CAERN stesso ha avuto un grave problema un paio di mesi fa e siamo davvero in balia della situazione nella nostra regione, mi faccia di nuovo la domanda. Oltre a quelle che ho citato, ci sono alcune azioni interne, come la riduzione dell'irrigazione delle piante, la riduzione delle ore della nostra lavanderia, che è un settore che consuma molta acqua, quindi riduciamo le ore della nostra lavanderia, che è per risparmiare più acqua, eee... queste altre di cui vi ho già parlato (GH2, 2015).

> Solo verbalmente si parla di risparmio, ma non c'è un sistema per farlo (GH3, 2015).

> Sì, ci sono rubinetti nei bagni degli ospiti, quelli con chiusura automatica, solo nei bagni degli ospiti perché non posso metterli negli appartamenti perché non c'è modo. È un male per gli ospiti (GH4, 2015).

I rapporti mostrano che i metodi per ridurre il controllo dell'uso dell'acqua negli hotel studiati includono: a) informare i clienti su come evitare lo spreco d'acqua e controllare i pozzi dell'hotel (GH1); b) l'uso consapevole degli asciugamani da parte dei clienti, in modo da non sprecare acqua ogni giorno per lavarli; ridurre il tempo di utilizzo delle lavanderie a gettoni (GH2); e c) installare rubinetti a chiusura automatica nei bagni degli ospiti (GH4).

L'acqua fornita agli hotel in generale è fornita dall'azienda idrica statale RN, mentre l'hotel 1 dichiara di avere un pozzo artesiano per integrare l'approvvigionamento e l'hotel 3 acquista un pozzo da una fattoria. Inoltre, essi affermano di non monitorare lo standard di potabilità dell'acqua, poiché si affidano all'acqua ricevuta dall'azienda fornitrice, ma l'hotel 3, poiché ha acqua stagnante intorno alla struttura, fa portare dei campioni in laboratorio per analizzarli.

Conoscendo l'importanza e la necessità dell'acqua nell'ambiente organizzativo, la gestione razionale dell'uso dell'acqua non è solo una questione governativa o pubblica, ma anche una preoccupazione per le aziende (BICHUETI et al., 2013). Per Lambooy (2011), sono diversi i fattori che spingono le aziende a razionalizzare l'uso dell'acqua. Il primo è l'interesse personale dell'organizzazione a ridurre i costi, a vantaggio di se stessa; il secondo è la sua immagine nella società, che è diventata più attenta e sensibile alle questioni ambientali.

4.3.3 Metodi per ridurre il consumo di energia

Per quanto riguarda i metodi per ridurre il consumo energetico, i risultati hanno mostrato che:

> Sì, partecipiamo al marchio verde con COSERN e abbiamo due generatori in hotel che vengono attivati nelle ore di punta, riducendo il consumo di elettricità (GH1, 2015).

> Sì, abbiamo già ottenuto un risparmio significativo sulla bolletta dell'elettricità. Abbiamo fatto un investimento per cambiare tutte le lampadine dell'hotel, lampadine che consumavano molta energia, e le abbiamo sostituite con lampadine a LED, giusto? E abbiamo realizzato dei cartelli per sensibilizzare i clienti che soggiornano da noi e anche i dipendenti (GH2, 2015).

> Solo verbalmente si parla di risparmio, ma non c'è un sistema per farlo (GH3, 2015).

> Sì, come ho già detto per le docce, e nelle aree di servizio abbiamo quelle luci one-touch, che si toccano e si spengono. E nelle aree sociali abbiamo lampade con sensore di movimento (GH4, 2015).

Si può notare che le organizzazioni intervistate adottano poche azioni per quanto riguarda il consumo di elettricità. Le misure citate comprendono l'utilizzo di generatori nelle ore di punta e la sostituzione delle lampadine tradizionali con i LED.

La sostituzione delle apparecchiature che consumano più elettricità è stata una delle principali strategie adottate dalle organizzazioni di oggi (BORGES, 2014). Busse (2010) dimostra che il risparmio energetico può generare diversi benefici per le organizzazioni che lo attuano, evitando sprechi e proteggendo l'ambiente riducendo i rischi di impatti ambientali come la deforestazione, le radiazioni nucleari, l'innalzamento del livello degli oceani e l'effetto serra, tra gli altri.

Tuttavia, c'è ancora molto da fare per aumentare l'efficienza dell'uso dell'energia da parte degli hotel presi in esame. Misure che prevedono, ad esempio, un buon uso degli ascensori, facendo preferire le scale ai piani inferiori; evitare che le porte di frigoriferi e congelatori vengano lasciate aperte inutilmente; utilizzare la capacità massima di lavatrici e asciugatrici per evitare un doppio o triplo uso di questi prodotti, tra le altre misure, aiuterebbero nel processo di riduzione del consumo energetico e contribuirebbero a una migliore gestione ambientale.

4.3.4 Trattamento delle acque reflue e separazione dei rifiuti solidi

Secondo gli intervistati, il trattamento delle acque reflue effettuato dagli hotel studiati è il seguente:

> Sì, ne abbiamo uno... ci è stato anche consigliato da uno dei responsabili ambientali della città di costruire il nostro sistema di trattamento delle acque reflue, quindi ne abbiamo costruito uno, perché fino ad allora non avevamo un sistema di trattamento igienico-sanitario di base da parte del Comune, oggi ce l'abbiamo già, è qui davanti, stiamo anche per optare per questo, ma prima non ce l'avevamo. Così abbiamo costruito un canale di scolo che è stato approvato dall'ente pubblico responsabile (GH1, 2015).
>
> Trattamento delle acque reflue pubbliche. Non abbiamo alcun contatto con le acque reflue, che vengono convogliate direttamente nella rete pubblica. Sanificato (GH2, 2015).
>
> Il municipio fornisce già servizi igienici di base (GH3, 2015).
>
> Non lo so (GH4, 2015).

A questo proposito, tutti e quattro gli hotel hanno dimostrato di essere ecologicamente adeguati in termini di trattamento delle acque reflue. GH1 ha dichiarato che anche prima che la città si dotasse di un sistema igienico-sanitario di base, la sua organizzazione aveva già un proprio sistema di trattamento. Oggi, il sistema igienico-sanitario di base è la forma principale di trattamento delle acque reflue nelle organizzazioni studiate. Per quanto riguarda la separazione dei rifiuti solidi:

> No, non oggi, i rifiuti ordinari dell'hotel li raccoglie il comune, i rifiuti che provengono dai lavori di costruzione, dalla potatura degli alberi, abbiamo una società che raccoglie questi rifiuti (GH1, 2015).
>
> È così. Il Comune fa la raccolta differenziata, che viene una volta alla settimana. Noi facciamo la raccolta differenziata, cerchiamo di guidare i nostri dipendenti a separare i rifiuti secondo le regole, e il Comune, attraverso la raccolta differenziata, viene una volta a settimana a raccogliere carta, plastica e altri oggetti (GH2, 2015).
>
> Abbiamo uno spazio qui, dopo il parcheggio, con bidoni separati in modo da poter separare tutti i rifiuti secondo gli standard (GH3, 2015).
>
> Come già detto, attraverso una ONG di passaggio, raccoglie i rifiuti in modo che possano essere riutilizzati (GH4, 2015).

Si può notare che i gestori si preoccupano della raccolta differenziata dei rifiuti solidi in ciascuno degli hotel analizzati. Hanno riferito di disporre di spazi per lo stoccaggio, la separazione e la raccolta di materiali da organizzazioni non governative, aziende e dal Comune per la trasformazione in prodotti come scope e carta da riciclare, anche se non considerano i fattori ambientali quando esternalizzano i servizi.

L'importanza di separare i rifiuti e di dare loro una destinazione appropriata è che porta una serie di benefici, come la produzione di energia, per recuperare il valore economico di questi materiali; la generazione di occupazione e di reddito; la riduzione della quantità di risorse naturali utilizzate per i servizi forniti dalle aziende alberghiere; la necessità di occupare grandi aree per trattare diversi tipi di rifiuti (SEBRAE, 2012).

Gli autori Trung e Kumar (2005) hanno rilevato che un pernottamento in hotel di lusso in qualsiasi parte del mondo può generare tra i 2,5 e i 7,2 kg di rifiuti solidi per ospite. Questo dato è preoccupante per le organizzazioni alberghiere di Mossoró, poiché durante l'anno, soprattutto nei mesi di giugno, luglio e gennaio, il numero di ospiti tende ad aumentare, generando tonnellate di rifiuti solidi.

Secondo SEBRAE (2012, p.9), "qualunque sia il rifiuto, ci sarà sempre una destinazione più appropriata rispetto al semplice smaltimento. Dal riutilizzo alla produzione di energia, tutto ha un valore e può persino diventare una fonte di reddito e un vettore per nuove imprese". Pertanto, questa affermazione rafforza l'importanza di disporre di un sistema per il trattamento e/o il riutilizzo dei rifiuti solidi negli sviluppi alberghieri.

4.3.5 Legislazione ambientale

In termini di legislazione ambientale, i gestori intervistati hanno entrambi dichiarato di essere a conoscenza della normativa, soprattutto grazie alla facilità dei mezzi di comunicazione odierni, ma nessun gestore è stato in grado di citare almeno una legge ambientale in vigore, e nessun hotel intervistato possiede una certificazione ambientale o un marchio verde. Solo l'hotel 3 ha una licenza IDEMA.

Ciò è in linea con gli studi condotti da Ferrari (2006, p. 48), quando l'autore afferma che "questi dati rivelano una grande lacuna nel settore ricettivo, ovvero l'ignoranza della legislazione ambientale. È importante che le azioni ambientali si basino sulla legislazione".

Da questo punto di vista, la conoscenza della legislazione da parte dei manager è fondamentale per l'efficace attuazione di un SGA; in altre parole, senza la conoscenza da parte dei manager, la probabilità che queste azioni vengano attuate è minima. Secondo Ferrari (2006), l'efficienza di un hotel può essere migliorata ottimizzando l'uso dei suoi fattori produttivi, riducendo i rifiuti e i residui e rispettando la legislazione ambientale.

Infine, abbiamo chiesto quali siano i vantaggi per un'azienda alberghiera di attrarre ospiti includendo misure sostenibili nelle sue procedure operative e, come differenziale competitivo, abbiamo notato nelle parole dei manager che seguono che due di loro, l'hotel 1 e 3, credono che mantenere pratiche sostenibili farà la differenza nel mercato in cui si trovano.

> È, come ho già detto, la riduzione dei costi, che oggi è estremamente importante per l'azienda, l'immagine dell'azienda, che diventa più attraente sul mercato perché le persone stanno diventando più consapevoli, quindi se il cliente pensa: "oh se quell'azienda si prende cura dei suoi rifiuti, allora andrò in quell'hotel". È un elemento di differenziazione rispetto alla concorrenza (G1, 2015).

> Dal momento che tutti hanno questa cultura o questa educazione ambientale, il vantaggio che ha penso sia a proprio favore, giusto, il vantaggio è che sembrerà "buono". Non credo sia un vantaggio competitivo (G2, 2015).

> Credo che gli ospiti in generale comincino a preoccuparsi di questo problema. Penso che se si deve fare una scelta e non c'è differenza di prezzo rispetto al concorrente, immagino che gli ospiti decideranno di andare nella struttura che adotta misure per proteggere l'ambiente.

Ciò è in linea con quanto affermato da Borges et al. (2010), secondo cui, al fine di ottenere una maggiore competitività tra le aziende dello stesso segmento di mercato, le organizzazioni utilizzano i mezzi di comunicazione di massa per rendere note al pubblico con cui hanno a che fare le loro diverse pratiche di sviluppo sostenibile. In questo modo, i loro rapporti di sostenibilità e i loro siti web forniscono informazioni a clienti, azionisti, investitori, speculatori, fornitori, dipendenti e alla comunità in generale, non solo sul rispetto della legislazione vigente in materia ambientale, ma anche su ciò che fanno al di là di quanto richiesto dalla legge, come ad esempio le pratiche di sostenibilità applicate nelle loro routine operative. Questo atteggiamento responsabile garantisce una buona immagine alle organizzazioni, preserva l'ambiente e, soprattutto, dà loro un vantaggio competitivo rispetto ai concorrenti.

4.3.6. Competenze, conoscenze e atteggiamenti necessari per prendersi cura dell'ambiente

I manager intervistati ritengono che le competenze, le conoscenze e gli atteggiamenti necessari per prendersi cura dell'ambiente si basino, tra l'altro, su: pratiche di produzione a basso contenuto di rifiuti, l'uso di sacchetti a rendere, la raccolta differenziata, il risparmio di acqua ed energia e, soprattutto, la consapevolezza umana di prendersi cura dell'ambiente, in modo da avere le condizioni necessarie per vivere in modo sano in armonia con un ambiente stabile.

Dalle riflessioni dei manager si evince che nessuno di loro ha posto l'accento sulle certificazioni ambientali o ha approfondito il tema della sostenibilità o della responsabilità ambientale, citando come esempio le pratiche o le tecniche quotidiane. Si sono anche concentrati su modi più semplici e rudimentali di preservare l'ambiente, come ad esempio il risparmio di acqua ed energia.

Alla luce dei risultati e delle discussioni ottenute nel corso di questo capitolo, la tabella 11 viene presentata per facilitare la comprensione di tutto ciò che è stato spiegato in questa sezione.

Tabella 11 - Sintesi dei risultati ottenuti nell'indagine.

Categorie	Analisi basata sulle percezioni dei manager
Pratiche di gestione ambientale e di sostenibilità applicate nelle organizzazioni alberghiere studiate	Sebbene i manager siano consapevoli dell'importanza delle politiche e delle pratiche ambientali e di sostenibilità, secondo quanto emerso dai testi delle interviste, le iniziative per la loro attuazione sono poche negli hotel partecipanti.
Vantaggi e barriere nell'implementazione di pratiche ambientali	In termini di vantaggi, si può notare che l'attenzione dei manager per lo sviluppo di pratiche ambientali è più focalizzata sulla riduzione dei costi e sul risparmio di denaro. Fattori come gli sgravi fiscali, la riduzione dei consumi di acqua ed elettricità.

Azioni di educazione ambientale	Per quanto riguarda gli ostacoli esistenti, è stato possibile constatare che il principale è la difficoltà di sensibilizzare gli ospiti e i dipendenti dell'hotel alle pratiche positive di conservazione dell'ambiente, nonché il costoso processo di implementazione delle azioni rivolte all'ambiente. È stato possibile concludere che, secondo i gestori, tra le principali azioni di sensibilizzazione ambientale vi sono: avvisi distribuiti nei locali dell'hotel, con informazioni che propongono il risparmio di acqua ed energia, nonché la proposta di riutilizzare gli asciugamani, per risparmiare l'acqua del lavaggio, e di ridurre l'uso di prodotti chimici. Inoltre, l'uso di schede che spengono l'elettricità nelle camere quando gli ospiti se ne vanno è stato ampiamente utilizzato in queste organizzazioni.
Formazione per dipendenti	Per quanto riguarda l'eventuale formazione dei dipendenti, si è notato che le organizzazioni alberghiere analizzate non hanno una formazione formale per i loro dipendenti in relazione alle questioni ambientali. La metà dei manager intervistati ha dichiarato che non esiste alcun tipo di formazione, mentre l'altra metà ha affermato che ci sono lezioni mensili e/o sporadiche per i professionisti sull'argomento.
Trattamento delle acque reflue e separazione rifiuti solidi	La depurazione delle acque reflue nei quattro hotel è affidata esclusivamente al sistema igienico-sanitario di base fornito dal Comune. Per quanto riguarda la gestione dei rifiuti solidi, i dirigenti intervistati hanno dichiarato di mantenere spazi per lo stoccaggio, la separazione e la raccolta da parte di organizzazioni non governative per la lavorazione di prodotti come scope e riciclo della carta, anche se non considerano i fattori ambientali quando esternalizzano i servizi.
Legislazione ambientale	Per quanto riguarda la legislazione ambientale, tutti i manager intervistati hanno dichiarato di essere a conoscenza della normativa, soprattutto grazie alla facilità dei media odierni, ma non sono stati in grado di fornire informazioni su alcun tipo di legge ambientale. Gli hotel non hanno alcun tipo di etichetta o certificazione ambientale.
Competenze, conoscenze e atteggiamenti necessari per prendersi cura dell'ambiente	I manager intervistati ritengono che le competenze, le conoscenze e gli atteggiamenti necessari per prendersi cura dell'ambiente si basino, tra l'altro, su: pratiche di produzione a basso contenuto di rifiuti, l'uso di sacchetti a rendere, la raccolta differenziata, il risparmio di acqua ed energia e, soprattutto, la consapevolezza umana di prendersi cura dell'ambiente, in modo da non avere aria inquinata, acqua inquinata, mancanza di cibo, tra gli altri.

Fonte: Dati della ricerca (2015).

La crescente importanza attribuita dai consumatori alle politiche socio-ambientali delle aziende è nota e richiede che il settore alberghiero adotti nuovi atteggiamenti nei confronti di questa nicchia di mercato, che sta prendendo sempre più piede. Le nuove strategie di marketing devono collegare l'immagine delle iniziative socio-ambientali delle aziende alberghiere, dato che nessuna delle aziende studiate, nel proprio materiale pubblicitario, faceva riferimento alle proprie pratiche sostenibili.

Oltre agli hotel, con i loro questionari di valutazione degli ospiti, spetta anche ai siti web che valutano le strutture ricettive e le destinazioni turistiche aggiungere la domanda socio-ambientale alle loro valutazioni, come modo per sensibilizzare gli ospiti e i turisti sull'importanza delle pratiche turistiche sostenibili.

Tra le strategie utilizzate dalle organizzazioni, compresi i fornitori di servizi nell'industria dell'ospitalità, per competere e rimanere competitivi sul mercato c'è la costante ricerca dell'innovazione, che può essere raggiunta attraverso pratiche ambientali e misure socio-educative volte a mantenere e preservare l'ambiente.

L'innovazione è il modo tecnico, economico e fattibile di risolvere un particolare problema (ZAWISLAK; GAMARRA, 2015).

Vari metodi innovativi, tra cui i processi di pianificazione che danno priorità alle questioni ambientali, sono stati raccomandati come strumenti per migliorare il processo decisionale e sono utili per affrontare i cambiamenti e le incertezze di un mercato sempre più esigente. Questi processi mirano a migliorare il processo decisionale aiutando i manager ad ampliare i loro orizzonti, a riconoscere, considerare e riflettere sulle incertezze che probabilmente dovranno affrontare.

5 CONSIDERAZIONI FINALI

Questo studio è stato essenzialmente qualitativo e descrittivo, come nel caso degli studi di caso, e quindi generalizzabile a livello teorico piuttosto che a livello di popolazione. Di conseguenza, questo studio ha portato a interpretazioni delle pratiche di gestione ambientale e di sostenibilità applicate nelle imprese alberghiere della città di Mossoró, nello Stato di Rio Grande do Norte, analisi che potrebbero essere trasformate in ipotesi da confutare in uno studio futuro su un campione basato sulla popolazione.

Come spiegato nel corso dello studio, l'obiettivo di questa ricerca era identificare la percezione dei manager delle organizzazioni alberghiere di Mossoró, Rio Grande do Norte, in merito alle pratiche di responsabilità ambientale d'impresa e di sostenibilità. Inoltre, aveva i seguenti obiettivi specifici: analizzare e descrivere le pratiche di gestione ambientale e di sostenibilità attuate dai dirigenti delle principali imprese alberghiere del comune di Mossoró, Rio Grande do Norte; accertare i vantaggi e le sfide dell'attuazione delle pratiche ambientali dal punto di vista dei dirigenti; scoprire le azioni di educazione ambientale e come queste vengono trasmesse ai professionisti e ai clienti delle organizzazioni studiate.

Per quanto riguarda il primo obiettivo specifico, sembrano esserci poche iniziative relative all'implementazione di pratiche ambientali negli hotel studiati. Ad eccezione di GH3, che ha parlato di una proposta esplicita di pratiche nell'organizzazione in cui lavora, che ha indicato come il programma "turismo migliore" di SEBRAE, gli altri intervistati hanno parlato solo implicitamente delle misure adottate, dimostrando di essere attenti alle questioni ambientali e disposti ad ascoltare suggerimenti e opinioni, ma non hanno commentato le politiche sviluppate nelle organizzazioni in cui lavorano.

Per quanto riguarda i vantaggi e le sfide dell'implementazione di pratiche ambientali, è emerso che l'attenzione dei manager per lo sviluppo di pratiche ambientali è maggiormente incentrata sulla riduzione dei costi e sul risparmio di denaro. Fattori come la riduzione delle tasse, il controllo degli asciugamani, la sostituzione delle unità di condizionamento centralizzate, l'uso di chiavi elettroniche sulle porte per spegnere le apparecchiature elettriche, l'installazione di lampadine a LED, i sensori di presenza, tra gli altri, sono stati indicati come vantaggi dell'investimento in tali politiche.

In termini di barriere, gli intervistati hanno sottolineato la difficoltà di sensibilizzare il personale alberghiero alle pratiche positive di conservazione dell'ambiente, nonché la loro resistenza a svolgere correttamente i propri compiti. Un altro punto citato è la difficoltà di acquistare prodotti naturali o a basso consumo, perché il loro costo non è un compromesso interessante rispetto ai prodotti più comunemente utilizzati.

In relazione al terzo obiettivo specifico, durante la raccolta dei dati sono state evidenziate dagli intervistati diverse azioni di educazione ambientale, tra cui possiamo evidenziare la proposta ai clienti di riutilizzare gli asciugamani per aumentare il risparmio di acqua dal loro lavaggio. Inoltre, in queste organizzazioni è stato ampiamente utilizzato l'uso di schede che spengono la corrente nelle camere quando gli ospiti se ne vanno. Le azioni sono rivolte anche ai dipendenti, come i gruppi di sensibilizzazione e di pulizia, che influenzano i professionisti a smettere gradualmente di gettare qualsiasi tipo di rifiuto sul pavimento dell'hotel; il lavaggio degli asciugamani degli ospiti ogni tre giorni per risparmiare acqua; e le conferenze tenute dalle ONG affinché i professionisti, sulla base delle iniziative prese a casa propria, possano fare un buon uso delle risorse anche sul posto di lavoro.

Oltre a questi punti, è stato notato che gli hotel adottano misure per ridurre il consumo di acqua e di energia, nonché il trattamento delle acque reflue e la separazione dei rifiuti solidi. I gestori hanno dichiarato di essere maggiormente interessati al risparmio di acqua ed energia, in quanto si tratta delle voci più percepibili per l'hotel in termini di riduzione dei costi. A tal fine, mantengono una serie di pratiche sostenibili, come l'implementazione di chiavi elettroniche negli appartamenti e l'invio di promemoria agli ospiti per il risparmio energetico, nonché la sostituzione delle lampadine a incandescenza con lampadine *a LED*.

Per quanto riguarda la riduzione del consumo d'acqua, oltre agli avvertimenti visivi, si fa il cambio a turno della biancheria da letto e da bagno degli ospiti residenti, in modo da ridurre l'energia utilizzata e il consumo d'acqua durante il lavaggio. Inoltre, affermano di smaltire i rifiuti solidi attraverso la raccolta differenziata e la collaborazione con organizzazioni non governative che raccolgono i rifiuti per il riciclaggio.

Per quanto riguarda l'evoluzione delle norme giuridiche finalizzate alla sostenibilità nel settore alberghiero, è chiaro che ci sono stati progressi normativi a favore dei benefici socio-ambientali, come esemplificato dalla norma NBR ISO 14001, soprattutto data la tendenza dei legislatori brasiliani a rispecchiare gli esempi dei Paesi pionieri per quanto riguarda le politiche finalizzate allo sviluppo sostenibile o alla sostenibilità.

La conclusione è che le organizzazioni alberghiere analizzate hanno ancora molta strada da fare in termini di pratiche ambientali finalizzate alla sostenibilità. Finora sono state adottate poche politiche esplicite, il che dimostra che le iniziative di gestione ambientale da parte di queste aziende sono ancora carenti. Ci siamo anche resi conto che, sebbene esistano azioni educative a favore dell'ambiente, esse sono state timide, soprattutto per quanto riguarda il risparmio di acqua, una risorsa che sta diventando sempre più scarsa in tutto il mondo.

Dal confronto e dall'analisi dei dati raccolti, si evince che il principale e unico obiettivo degli hotel nelle loro pratiche ambientali è quello di ridurre i costi operativi, e che non considerano le azioni di educazione ambientale come un mezzo per dimostrarsi competitivi nel mercato alberghiero.

È stato inoltre possibile osservare che la cultura, che rientra nella dimensione sociale della sostenibilità, è stata trascurata dal cento per cento delle aziende alberghiere intervistate. I dirigenti delle aziende intervistate hanno una conoscenza minima delle questioni ambientali e il processo di implementazione delle pratiche ambientali nelle aziende alberghiere della città è ancora agli inizi. Esse devono creare sistemi di gestione ambientale (SGA) o addirittura innovare le pratiche rudimentali che hanno implementato.

Gli hotel intervistati sono aziende che si sono già affermate sul mercato, hanno una certa stabilità e questo significa che non sentono la necessità di reinventarsi in modo sostenibile per ottenere nuovi clienti, o anche per garantire la permanenza di quelli più vecchi.

Infine, si suggeriscono ricerche future sull'argomento, che coinvolgano un numero maggiore di organizzazioni alberghiere e che mettano a confronto gli hotel della città di Mossoró con quelli più grandi, per capire le differenze nelle pratiche ambientali tra di loro. Si raccomandano anche studi quantitativi per misurare le variabili che rispondono alle sfide di una gestione ambientale efficace nelle aziende.

Va segnalata la mancanza di personale tecnico qualificato per il controllo del rispetto delle norme del Paese in materia di responsabilità ambientale, nonché il rafforzamento del monitoraggio dei requisiti legali imposti alle strutture ricettive. Si tratta di fattori estremamente importanti che richiedono maggiore obiettività e investimenti da parte delle autorità pubbliche per soddisfare la domanda delle imprese esistenti e di quelle nuove che sorgono continuamente.

È inoltre necessario approfondire la ricerca sull'importanza delle organizzazioni che investono in questioni ambientali nel settore del turismo, che è uno dei principali motori della crescita economica del Brasile, attirando ogni anno migliaia di turisti da tutto il mondo.

6 RIFERIMENTI

ABREU, Dora. "**Gli illustri ospiti verdi**". Salvador, Bahia: Casa da qualità, 2001.

ABNT. Associazione brasiliana delle norme tecniche. **NBR ISSO 14004**. Sistemi di gestione ambientale: linee guida generali su principi, sistemi e tecniche di supporto. Rio de Janeiro, 1996.

. **NBR ISSO 14001**. Sistemi di gestione ambientale: requisiti e linee guida per l'uso. 2. ed. Rio de Janeiro, 2004.

ALVES, Antônio Româo. Il sistema di gestione ambientale come strategia aziendale nel settore alberghiero. **Revista Produçao**. ISSN 1676 - 1901 / Vol. VIII / Num. III / Santa Catarina, 2012.

ANDRADE, José Vicente de. **Turismo**: fundamentos e dimensôes. 8. ed. Sâo Paulo: Atica, 2002.

ANDRADE, M. B. de; BARBOSA, M. de L. de A.; SOUZA, A. de S. La sostenibilità socio-ambientale nell'identità dell'arcipelago di Fernando de Noronha e la sua influenza come fattore di promozione turistica. **Revista de investigación en Turismo y Desarrollo local.** Vol. 6, n. 14, pagg. 1-18, giugno 2013.

ARAÙJO, L. M.; BRAMWELL, B. Valutazione degli stakeholder e pianificazione turistica collaborativa: il caso del progetto Costa Dourada in Brasile. **Journal of Sustainable Tourism**, v.7, 1999.

ARAÙJO, Josemery Alves. Le **politiche pubbliche e le trasformazioni socio-spaziali legate al turismo nel comune di Caicó: un'analisi del periodo 2000-2010**. 2010 .147 f. Dissertazione (Laurea magistrale in Turismo e

Sviluppo regionale e gestione del turismo) - Università federale di Rio Grande do Norte, Natal, 2010.

BARBIERI, José Carlos. **Gestione ambientale aziendale**: concetti, modelli e strumenti. San Paolo: 2007.

BARDIN, L. **Analisi del contenuto**. 3. ed. riveduta e aggiornata. Lisbona: Ed. 70, 2004.

BICHUETI, R. S. et al. Gestione strategica dell'uso dell'acqua nelle industrie del settore minerario. In: VI Incontro di studi strategici, Bento Gonçalves, 2013. **Anais...**, EEs, 2013.

BORGES, Fernando Hagihara. L'ambiente e l'organizzazione: un caso di studio basato sul posizionamento di un'azienda di fronte a una nuova prospettiva ambientale. Dissertazione (Master - Programma post-laurea e area di concentrazione). Supervisore Prof Dr Wilson Kendy Tachibana. San Paolo, 2011.

BORGESA, Ana Paula; ROSAB, Fabricia Silva; ENSSLIN, Sandra Rolim. Divulgazione volontaria delle pratiche ambientali: uno studio sulle grandi aziende brasiliane di pasta di legno e carta. **Revista Prodção**. Santa Catarina, 2010.

BRASILE. **Costituzione della Repubblica Federativa del Brasile**: promulgata il 5 ottobre 1988. 1988. Disponibile a: <www.planalto.gov.br/ccivil_03/constituicao/constituicao.htm>. Accesso: 09 luglio 2015.

BUSSE, B. N. **Testo accademico sull'efficienza energetica**: un campione quantitativo degli ultimi 40 anni di ricerca. Disponibile all'indirizzo: < http://www.ipog.edu.br/uploads/arquivos/643a591f20914f664adfe660f87903e5.pdf>. Consultato il 09 gennaio 2016.

CAMARGO, A. La governance per il XXI secolo. In: TRIGUEIRO, A. **Meio ambiente no século 21**: 21 specialisti si interrogano sulla questione ambientale nelle loro aree di conoscenza. Rio de Janeiro: Sextante, 2002.

CAON, Mauro Correia. **Gestione ambientale negli alberghi**. 2. ed. São Paulo: Atlas, 2008.

CARDOSO, Roberta de Carvalho. **Dimensioni sociali del turismo sostenibile: uno studio sul contributo delle località balneari allo sviluppo delle comunità locali**. São Paulo: FGV, 2005. 264f. Tesi di dottorato. São Paulo Business School, Fondazione Getúlio Vargas, São Paulo, 2005.

CARVALHO, P. Fattori determinanti del turismo d'affari internazionale: una revisione della letteratura. **XXII Jornadas Luso-Espanolas de Gestión Cientifica**, Vila Real. 2012.

CASTELLI, Geraldo. **Gestione alberghiera**. 9. ed. Caxias do Sul: Educs, 2003.

CASTROGIOVANNI, Alencar C. et al. **Turismo urbano**. 2. ed. San Paolo: Contexto, 2001.

CAVALCANTI, C. **Sustentabilidade da economia: paradigmas alternativos de realização econômica**. San Paolo: Cortez, 2003.

CAVALCANTI, M. **Gestao social, estratégias e parcerias**: redescobrindo a essência da administraçao brasileira de comunidades para o terceiro setor. San Paolo: Saraiva, 2006.

CHEN, Yin; HUANG, Zhuowei; CAI, Liping A. "Image of China tourism and sustainability issues in Western media: an investigation of National Geographic", **International Journal of Contemporary Hospitality Management**, Vol. 26 Iss: 6, pp. 855 - 878, 2014.

CNTUR, Confederazione Nazionale del Turismo. **Turismo sostenibile**. Disponibile all'indirizzo: <http://www.cntur.com.br/turismo_sustentavel.html>. Accesso: 23 giugno 2015.

CoHEN, Erik. **Ripensare la sociologia del turismo**. Annali della ricerca sul turismo, v.6, n.1, 1979.

COOPER, Cyrus. et al. **Principi e pratiche del turismo**. 3. ed. Porto Alegre: Brookman, 2007.

CORSI, E. **Il patrimonio storico e culturale**: una nuova prospettiva per le aree urbane e rurali attraverso il turismo sostenibile. Uberlândia: Caminhos da Geografia v. 5, n.11, 2004.

COUTINHO, Leandro. Speciale sulle città di medie dimensioni, dove è arrivato il futuro. **Veja**, San Paolo: n. 2180, 01 settembre 2010.

CRESWELL, John W. **Progetto di ricerca**. Porto Alegre: Artmed, 2010.

CRUZ, Rita de Cassia Ariza. **Introduzione alla geografia del turismo**. San Paolo: Roca, 2001.

DALFOVO, Michael Samir; LANA, Rogério Adilson; SILVEIRA, Amélia. Metodi quantitativi e qualitativi: una rassegna teorica. **Revista Interdisciplinar Cientifica Aplicada**, Blumenau, v.2, n.4, p.01-13, Sem II. 2008.

DAVID, L. Ecologia del turismo: verso un futuro turistico responsabile e sostenibile. **Worldwide Hospitality and Tourism Themes**, Vol. 3 Iss: 3, pp.210 - 216, 2011.

DEERY, Gold Coast; FREDLINE, Jago L. **CRC for Sustainable Tourism**, L. A. framework for the development of social and socioeconomic indicators for sustainable tourism in communities. 2005.

DENZIN, N. K.; LINCOLN, Y. S. La disciplina e la pratica della ricerca qualitativa. In:

DENZIN, N. K.; LINCOLN, Y. S. **Pianificare la ricerca qualitativa:** teorie e approcci. Porto Alegre: Artmed, 2006.

DIAS, Reinaldo. **Marketing ambientale:** etica, responsabilità sociale e competitività nelle imprese. San Paolo: Atlas, 2008.

. **Gestione ambientale**: responsabilità sociale e sostenibilità. San Paolo: Atlas, 2009.

. **Gestao ambiental**: responsabilidade social e sustentabilidade. 2. ed. San Paolo:

Atlas, 2011.

DIANE, Lee; JENNIFER, Laing. **Environmental Management**, Vol. 48 Issue 4, p 734 - 749. 16 p. Ottobre 2011.

DIEHL, Astor Antonio. La **ricerca nelle scienze sociali applicate**: metodi e tecniche. San Paolo: Prentice Hall, 2004.

DIEHL, Astor Antonio. La **ricerca nelle scienze sociali applicate**: metodi e tecniche. San Paolo: Prentice Hall, 2004.

DONAIRE, Denis Jùnior. La **gestione ambientale in azienda**. 2. ed. San Paolo, Atlas, 2012.

EMBRATUR, Istituto brasiliano del turismo. **Hotel**. Disponibile all'indirizzo: <http://www.embratur.gov.br/>. Accesso: 25 giugno 2015.

FERRARI, Patricia Flôres. La percezione ambientale dei direttori d'albergo: un caso di studio a Caxias do Sul (RS). Caxias do Sul: 2006.

FREDLINE, E. & Faulkner, B. **Reazioni delle comunità ospitanti: un'analisi a grappolo. Annali della ricerca sul turismo**, 27, (3), 763-784, 2005.

FREITAG, Thomas. Sviluppo turistico delle enclave: per chi sono i benefici? **Annali della ricerca sul turismo**, v. 21, n. 3, 1994.

FOURASTIÉ, Jean. **Tempo libero e turismo**. Rio de Janeiro: Salvat, 1979.

GAIA, Alexandre de Avila. **Un metodo per la gestione degli aspetti e degli impatti ambientali**. Florianópolis: UFSC, 2001. Tesi di dottorato in Ingegneria della produzione - Università Federale di Santa Catarina.

GARROD, B; FYALL, A. Oltre la retorica del turismo sostenibile? **Gestione del turismo**. Regno Unito: Elsevier Science, v. 19, n. 3, 1998.

GIESTA, Lilian Caporlingua. Sviluppo sostenibile, responsabilità sociale d'impresa ed educazione ambientale nel contesto dell'innovazione organizzativa: concetti rivisitati. **Revista adm. UFSM**, Santa Maria, v. 5, edizione speciale, pag. 767 - 784, dicembre 2013.

GODOI, C. K.; BANDEIRA-DE-MELLO, R.; SILVA, A. B. da (Org.). La **ricerca qualitativa negli studi organizzativi**: paradigmi, strategie e metodi. San Paolo: Saraiva, 2006.

GONÇALVES, Luiz Claudio. La **gestione ambientale nelle strutture ricettive**. San Paolo: Aleph, 2004.

HARRINGTON, H. James; KNIGHT, Alan. **L'importanza dell'ISO 14000**: come aggiornare efficacemente il proprio SGA. San Paolo: Atlas, 2001.

IBGE - ISTITUTO BRASILIANO DI GEOGRAFIA E STATISTICA. **Censimento Demografica, 2014**. Disponibile all'indirizzo: <www.ibge.gov.br>. Accesso: 10 luglio 2015.

IGNARRA, Luiz Renato. **Concetti fondamentali del turismo**. 2. ed. riv. ampl. San Paolo: Thomson, 2003.

ORGANIZZAZIONE INTERNAZIONALE PER LA STANDARDIZZAZIONE. **ISO 14001**. Indagine.

Segreteria ISOCentral   Segreteria,   Svizzera, 2012.
Disponibile   a:

<http://www.iso.org/iso/home.html>. Accesso: 20 giugno 2015.

IVARS, J. A. **Pianificazione turistica per le aree regionali**. Madrid: Sintesis, 2003.

IVANOV, Stanislav. "Turismo e povertà", **International Journal of Contemporary Hospitality Management**, Vol. 24 Iss: 4, pp.674 - 676, 2012.

KO, T. G. "Development of a tourism sustainability assessment procedure: a conceptual approach", **Tourism Management**, Vol. 26 No. 3, p. 431 - 445. (2005).

KOHLRAUSCH, Aline K. L'**etichettatura ambientale PER aiutare a formare consumatori consapevoli**. Dissertazione (Master in Ingegneria della produzione). Università Federale di Santa Catarina - UFSC. Florianópolis, 2003.

KOROSSY, Nathâlia. Dal turismo predatorio al turismo sostenibile: una revisione dell'origine e del consolidamento del discorso sulla sostenibilità nel turismo. **Caderno virtual de turismo**. Rio de Janeiro, v. 8, n. 2, p. 1-13. 2008.

LANFANT, M.; GRABURN, N.H.H. Il turismo internazionale riconsiderato: il principio dell'alternativa. In: SMITH, V.L.; EADINGTON, W.R. (Eds). **Alternative turistiche**: potenzialità e problemi nello sviluppo del turismo. Philadelphia: University of Pennsylvania Press e International Academy for the Study of Tourism, 1992.

LEA, John. **Turismo e sviluppo nel terzo mondo**. Londra: Routledge, 1988.

LIU, A.; WALL, G. Pianificare l'occupazione turistica: una prospettiva dei Paesi in via di sviluppo. **Tourism Management**, 27, pp. 159-70, 2006.

LUZ, C. A.; VIÉGAS, J. F.; FORNARI FILHO, P. Sostenibilità: un esempio di atteggiamenti di base per i manager per iniziare a praticare la gestione sostenibile nelle aziende. **Revista Borges**, v. 04, n. 01, 2014.

MALHOTRA, Naresh K. La **ricerca di marketing**: un orientamento applicato. 3. ed. Porto Alegre: Bookman, 2001.

MALTA, Maria Mancuello; MARIANI, Milton Augusto Pasquotto. Caso di studio sulla sostenibilità applicata alla gestione degli hotel di Campo Grande, MS. **Revista Turismo Visao e Açao**. Mato Grosso do Sul, v. 15, n. 1, p. 112-129, gennaio-aprile 2013.

MARTINS, G. A.; THEÓPHILO, C. R. **Metodologia da investigaçâo cientifica para ciências sociais aplicadas.** San Paolo: Atlas, 2007.

MATTAR, Fauze Najib. **Ricerca di marketing**: edizione compatta. 5. ed. v.1, San Paolo: Editora Atlas, 1999.

MEBRATU, D. Sostenibilità e sviluppo sostenibile: rassegna storica e concettuale. Environmental Impact Assessment Review, v. 18, pagg. 493 - 520, 19988.

MEDEIROS, L. C.; MORAES, P. E. S. Turismo e sostenibilità ambientale: riferimenti per lo sviluppo del turismo sostenibile. **Rivista sull'ambiente e la sostenibilità.** V. 3, n. 2, pp. 198-234, 2013.

MINISTERO DEL TURISMO. Piano Nazionale del Turismo 2013 - 2016. "Il **turismo fa molto di più per il Brasile"**. Brasilia, 2014.

McCOOL, Stephen F.; MOISEY, Niel R. **Tourism, recreation, and sustainability**: linking culture and the environment. Wallingford: CAB International, 2001.

MOSSORÓ. **Turismo, 2015**. Disponibile all'indirizzo: <www.prefeiturademossoro.com.br>. Accesso: 15 luglio 2015.

MORAES, R. Analisi del contenuto. **Revista Educaçâo**. Porto Alegre, v. 22, n. 37, p. 7-32, 1999.

OLIVEIRA, O. J.; PINHEIRO, C. R.M. S. Implementazione dei sistemi di gestione ambientale ISO 14001: un contributo dall'area della gestione delle persone. **Gestâo da Produçâo**, v. 17, n. 1, p. 51-61, 2010.

UNWTO - Organizzazione Mondiale del Turismo. **Introduzione al turismo**. San Paolo: Roca, 2015.

PANATE, Manomaivibool. **Risorse, conservazione e riciclaggio**. Vol. 103, pag. 69-76. 8p. Ottobre 2015.

PEARCE, Philip. **Il rapporto tra residenti e turisti**: letteratura di ricerca e linee guida di gestione. In: THEOBALD, W. F. (a cura di). Turismo globale. San Paolo: Editora SENAC,

2001.

PETROCCHI, M.; Bona, A. **Agenzie turistiche**: pianificazione e gestione. 3. ed. San Paolo: Ed. Futura, 2003

PIRES, Fernanda. **La gestione della conoscenza applicata alla gestione del turismo sostenibile nei parchi nazionali**. Tesi di laurea, 2010.

PNT - PROGRAMMA NAZIONALE DEL TURISMO. **PIL del turismo brasiliano**. Disponibile all'indirizzo: < http://www.turismo.gov.br>. Accesso: 23 agosto 2015.

PORTALE - PORTALE DA COSTA BRANCA. **Storia**. Disponibile su: <www.portalcostabranca.com>. Accesso: 14 luglio 2015.

PROGRAMMA DI CERTIFICAZIONE DEL TURISMO SOSTENIBILE - **NIH-54** - Standard nazionale per le strutture ricettive - Requisiti di sostenibilità - Hospitality Institute, 2004.

ROSVADOSKI-DA-SILVA, P.; GAVA, R. E.; DEBOÇA, L. P. Struttura economica e turismo: dominanza locale ed extra-locale nel distretto di Lavras di Ouro Preto (Minas Gerais, Brasile). **Journal of Tourism and Development**, 4(21/22), pp. 75-83, 2014.

RUDIO, Franz Victor. **Introduzione al progetto di ricerca**. Petrópolis: Vozes, 1999.

RUSCHMANN, Doris Van de Meene. **Turismo sostenibile**: proteggere l'ambiente. San Paolo: Papirus, 1997.

. **Turismo e pianificazione sostenibile:** proteggere l'ambiente. Campinas: Papirus, 2008.

SANTOS, J. G.; CHAVES, J. L. A. Responsabilità socio-ambientale: uno studio sugli hotel di Gravatà- PE. In: XVI ENGEMA (International Meeting on Business Management and the Environment). San Paolo, 2014. **Atti...**

SEBRAE-MS. **Gestione dei rifiuti solidi:** un'opportunità per sviluppo comunale e per le micro e piccole imprese -- Sâo Paulo: Instituto Envolverde. Ruschel & Associados, 2012.

SOUSA, J.F.; FONSECA, C. C. **Projeto de Assistência Tècnica Juridica no Dominio da Reforma Portuària**, 10 giugno 2013.

SWARBROOKE, John. **Gestione sostenibile del turismo**. Wallingford: CAB International, 1999.

TACHIZAWA, Takeshy. **Gestione ambientale e responsabilità sociale d'impresa**. San Paolo: Atlas, 2008.

TRUNG, D.N.; KUMAR, S. **Uso delle risorse e gestione dei rifiuti nell'industria alberghiera del Vietnam**. J. Cleaner Prod., 13 (2005), pp. 109-116, Articolo, 2005.

TUNG, R.L. & AYCAN, Z. Fattori chiave di successo e pratiche di gestione autoctone nelle PMI delle economie emergenti. **Journal of World Business**, 43, pp. 381-384, 2008.

VALLE, Cyro Eyer. **Qualità ambientale**: come essere competitivi proteggendo l'ambiente (come prepararsi alle norme ISO 14000). San Paolo: Pioneira, 1995.

VARUM, Celeste Amorim; MELO Carla; ALVARENGA António; CARVALHO Paulo Soeiro de, (2011) "Scenari e futuri possibili per l'ospitalità e il turismo", **Foresight**, Vol. 13 Iss: 1, pp. 19-35.

VERGARA, S. C. **Métodos de pesquisa em administração**. 2. ed. San Paolo: Atlas, 2006.

WALPOLE, M. J.; GOODWIN, H. J. **Impatto economico locale del turismo del drago in Indonesia Annals of Tourism Research**, v.27, n.3, 2000.

WHEELLER, Brian. **I tempi difficili del turismo**: il turismo responsabile non è la risposta. Tourism Management, v.12, n.2, 1991.

OMC. Organizzazione Mondiale del Turismo. **Turismo**. Disponibile all'indirizzo: <www.2.unwto.org>. Accesso: 25 giugno 2015.

WORLD TRAVEL & TOURISM COUNCIL (WTTC) - **Riepilogo della classifica**.

Londra, 2015.

WTTC, World Travel & Tourism Council. 2011. **L'impatto economico dei viaggi e del turismo**. Disponibile all'indirizzo: <http://www.wttc.org/bin/pdf/original_pdf_file/world.pdf> Accesso: 25 giugno 2015.

YIN, R. K. **Caso di studio**: Pianificazione del metodo. Porto Alegre: Bookman, 2005.

ZAWISLAK, P. Antônio; GAMARRA, José E. T. The Importance of Specific Assets in the Differentiation of Firms in the Hotel Sector. **Revista Economia & Gestâo**, v. 15, p. 79-111, 2015.

7 APPENDICI

APPENDICE A - Modulo di consenso informato per le aziende intervistate

UNIVERSITÀ POTIGUAR - UnP

PROGRAMMA POST-LAUREA IN AMMINISTRAZIONE - PPGA

MASTER PROFESSIONALE IN AMMINISTRAZIONE - MPA

Studente del Master: Francisco Tomaz Pacifico Jûnior

modulo di consenso libero e gratuito

L'Hotel è stato invitato a partecipare a questo

L'obiettivo generale di questa ricerca è quello di individuare la percezione dei direttori d'albergo di Mossoró/RN di fronte a uno scenario di Responsabilità Ambientale d'Impresa e di pratiche di sostenibilità. La scelta dell'argomento nasce dall'interesse di individuare le azioni di gestione ambientale praticate dagli hotel, in considerazione di questo scenario di crescente preoccupazione per l'ambiente. La ricerca si svolgerà in due fasi. Nella prima fase verrà intervistato il direttore. La seconda fase prevede la somministrazione di questionari ai dipendenti dell'hotel. Tutte le informazioni raccolte, sia nel questionario che nell'intervista, saranno utilizzate solo dal ricercatore per raggiungere gli obiettivi della ricerca e saranno mantenute strettamente confidenziali, garantendo così la riservatezza e la privacy dei partecipanti alla ricerca. In nessun momento, nemmeno durante la ricerca, verrà menzionato il nome dell'hotel o dei partecipanti. I dati potranno essere utilizzati durante incontri e dibattiti scientifici e pubblicati, mantenendo l'anonimato dei partecipanti. Partecipando a questa ricerca non riceverete alcun beneficio diretto. Tuttavia, si spera che questa ricerca porti a importanti riflessioni sulle pratiche ambientali nelle aziende alberghiere. Qualora l'organizzazione ne senta la necessità, può chiedere maggiori informazioni sulla ricerca contattando il ricercatore e/o l'istituto di formazione a cui è affiliato.

Io, dichiaro

di essere a conoscenza degli obiettivi e delle procedure della ricerca e, in modo libero e informato, in qualità di rappresentante del _____ CNPJ:

Esprimo il mio interesse a partecipare alla ricerca.

Firma della persona responsabile dell'organizzazione oggetto dell'indagine

Firma del ricercatore responsabile

Mossoró, _____ 2016 _____.

APPENDICE B - TESTO DELL'INTERVISTA PER I DIRIGENTI

M A UP
Mestrado
ADMINISTRAÇÃO

UNIVERSITÀ POTIGUAR - UnP

PROGRAMMA POST-LAUREA IN AMMINISTRAZIONE - PPGA

MASTER PROFESSIONALE IN AMMINISTRAZIONE - MPA

Studente del Master: Francisco Tomaz Pacifico Júnior

Identificazione dell'hotel

Nome: _____

Numero di camere: Numero di letti:

Tasso di occupazione annuale: numero di dipendenti:

Qual è la missione dell'azienda? _____

Quanti e quali settori ci sono nell'hotel?

Domande

1. Come si può descrivere il coinvolgimento del senior management nel processo di implementazione e mantenimento delle pratiche ambientali?

2. Qual è la principale differenza tra questo hotel e altre catene alberghiere in Brasile?

3. Avete mai avuto l'idea di adottare un atteggiamento positivo nei confronti dell'ambiente? Se sì, perché?

5. Quali sono stati i principali vantaggi dell'adozione di pratiche ambientali negli hotel?

6. Quali sono stati i principali ostacoli all'adozione di pratiche ambientali? _____

7. Siete a conoscenza della legislazione ambientale?

( ) Sì. Quali leggi? _____

( ) No.

8. Il vostro hotel svolge attività di sensibilizzazione degli ospiti e del personale sulle tematiche ambientali?

Se sì, per quanto tempo e con quale frequenza?

Se no, perché? _____

9. Quali risorse vengono utilizzate per aumentare la consapevolezza?

( ) Manifesti ( ) *Siti web* ( ) Opuscoli ( ) Percorsi naturalistici ( ) Altro, quale?

10. I dipendenti ricevono una formazione sulle questioni ambientali? Quali e con quale frequenza? _____

11. Può dirci da dove proviene l'acqua che rifornisce il suo hotel?

( ) Servizio pubblico comunale ( ) Pozzi artesiani ( ) Altro

12. Vengono monitorati gli standard di potabilità dell'acqua dell'hotel?

Se sì, quale/i? _____

Se no, perché? _____

13. Il vostro hotel utilizza metodi per ridurre il consumo di acqua?

Se sì, quale/i? _____

Se no, perché? _____

14. Il vostro hotel utilizza metodi per ridurre il consumo energetico?

Se sì, quale/i? _____

Se no, perché? _____

15. Le acque di scarico del vostro hotel sono trattate in qualche modo?

( ) Sì, perché? _____

( ) No, perché? _____

16. Il vostro hotel effettua la raccolta differenziata dei rifiuti solidi?

( ) Sì, come? _____

( ) No. Perché no? _____

17. Conoscete la destinazione dei rifiuti solidi prodotti nel vostro hotel?

( ) Sì, quale/i? _____

( ) No.

18. Il vostro hotel tiene conto dei fattori ambientali quando esternalizza i propri servizi?

( ) Sì. Quali fattori? _____

Perché? _____

( ) No. Perché no? _____

19. Quali competenze, conoscenze e attitudini sono necessarie per prendersi cura dell'ambiente? _____

I want morebooks!

Buy your books fast and straightforward online - at one of world's fastest growing online book stores! Environmentally sound due to Print-on-Demand technologies.

Buy your books online at
www.morebooks.shop

Compra i tuoi libri rapidamente e direttamente da internet, in una delle librerie on-line cresciuta più velocemente nel mondo! Produzione che garantisce la tutela dell'ambiente grazie all'uso della tecnologia di "stampa a domanda".

Compra i tuoi libri on-line su
www.morebooks.shop

info@omniscriptum.com
www.omniscriptum.com

Printed by Books on Demand GmbH, Norderstedt / Germany